早駆け

生徒隊の青春

前へ

五木繁則

東洋出版

早駆け前へ　生徒隊の青春

まえがき

武力紛争における児童の関与に関する児童の権利に関する条約の選定議定書

第一条　締結国は、十八歳未満の自国の軍隊の構成員が敵対行為に直接参加しないことを確保するためのすべての実行可能な措置をとる。

一九二〇年代に、英国空軍において少年技術兵制度が創設され、これが世界の近代軍隊に於ける国軍の中堅技術者の養成を目的とした少年兵の嚆矢となった。

旧日本陸海軍もこれに倣い、一九三〇年代から太平洋戦争終結まで、海軍飛行予科練習生、陸軍少年飛行兵、陸軍少年戦車兵、陸軍少年通信兵等の少年兵制度が設けられ存在した。そしてその歴史の中で、紅顔の少年達はその過酷な訓練に耐え、自らの誇りを胸に、戦時に於いては祖国の勝利を信じて、地獄とも言える戦場に赴き、多くは今日の平和な日本の礎となられた。

国破れ、戦後一〇年の時を経て、憲法上では軍隊ではないとする自衛隊に於いても、一九五五年四月初旬、現代の少年兵とも言える自衛隊生徒制度が発足した。

以来、一般にその存在を余り知られていない自衛隊生徒も、昭和、平成と半世紀以上に渡り、多くの陸海空自衛隊の基幹要員を輩出してきた。

中でも陸上自衛隊に於いては二〇〇九年現在、約一万七〇〇〇名に及ぶ卒業生を送り出し、陸上自衛隊のみならず、海上及び航空自衛隊、又、一般社会に於いても多く活躍している。

しかし、国の総人件費削減事業の一環と共に、二〇〇〇年五月に国連で採択された「武力紛争における児童の関与に関する児童の権利に関する条約の選択議定書」を、日本も国会で承認したことから、自衛隊生徒制度も大きな変革を求められた。

その結果、海上及び航空自衛隊の生徒制度は、二〇〇七年（平成一九年）度採用をもって廃止されるに至った。

この様な流れの中で陸上自衛隊のみは、何らかのかたちで存続を望む卒業生達の努力と実績により、生徒課程の存続は認められることになった。

だが、前述の人件費削減と国連議定書に沿うべく、二〇一〇年（平成二二年）度より、生徒そのものは従来の自衛官という身分からは外れ、非自衛官である特別職国家公務員「生徒」になった。

◆目次

まえがき　3

第一章　陸上自衛隊生徒教育隊　9

事に臨んでは危険を顧みず　9
三等陸士　18
武山旋風　26
音楽の授業　32
非常呼集、乙武装　37
菜っ葉にコロッケ　42
不寝番服務中異状無し　52
赤痢発生　60
木は森に隠せ　67
自衛官の本領　73
ガス！　84
帰隊遅延　89

区隊長の掌　99
攻城戦　105
講道館非公認二段　111
自習時間の出来事　116
基準隊員の苦悩　125

第二章　陸上自衛隊施設学校及び部隊付実習　129

施設学校雲助《くもすけ》科　129
早駆け前へ　139
助教カネさんの教え　146
敵前上陸大作戦　153
日の丸土建屋　161
消えたグレーダー・最終教育課程　169

第三章　三等陸曹　177

第六営内班長　177
巨大クレーン車付き担当陸曹　187
山中湖渡河大演習　198
歩哨の死　203
あとがき　219

第一章　陸上自衛隊生徒教育隊

事に臨んでは危険を顧みず

営門脇の桜の古木が爛漫と咲き誇っていた。米駐留軍の置き土産である、赤錆の目立つカマボコ型兵舎が点在する殺風景な駐屯地も、その爛漫と咲く桜の所為で、営門周辺だけは艶やかで噎《む》せ返る様な春を醸し出していた。そして、時折吹く東風が早くも花びらを散らし、辺りを桜色に染めていた。

咲き誇る桜花、そして心地よい風、大地の其処此処に萌えいでた若草色の息吹を感じつつ、昭和三八年四月三日、私は高校を一年で中退して、陸上自衛隊生徒教育隊の営門をくぐった。

『夢の超特急』と謳われた東海道新幹線の開通と、オリンピック東京大会の開催を一年後に控えその槌音も高く、日本が高度経済成長と共に経済大国への道を着々と歩み始めた頃である。

我が家は祖父の代から九州の船乗りであった。戦後、父は旧海軍を経て、祖父や兄弟達と共に自前の小さな貨物船で、熊本の天草を中心に九州沿岸を運航していたが、私が中学一年生の頃、経営不振の為船を手放し、海軍時代の伝手を頼り大阪の海運会社の船員の職を得た。その折りに、長男であった父にはかなりの借財があった様で、大阪へ発つ前日、私は父から呼ばれた。

「ちょっと、そこに座れ」

海軍の生活をそのまま家庭に持ち込んだ様なスパルタ教育を強いられていた私は、又説教かと、身を固くして父の前に正座した。すると、

「お前も、もう中学生だから薄々分っとろうが、今ウチは大変な時たい。……すまんが、お前を上の学校に行かせてやれんかもしれん」

嘗て見たことがない苦渋に満ちた父の顔がそこにあった。碌に勉強もせずに遊んでばかりいたが、学校の成績がそこそこ良かった私はその父の言葉に衝撃を受けた。

それ以後、我が家の家計は益々逼迫し、私は熊本の中学を二年で修了すると母や妹と別れ、単身静岡の母の実家に居候する事になった。育ち盛りの、年下の従兄弟達が四人もいる母の実家も決して裕福ではなかったが、祖父母や伯父達の分け隔ての無い愛情のお陰で、居候の悲哀を感じることなく、其の地で中学を卒業した。

そして、憧れであった船舶無線通信士になる為、近くの水産高校の無線通信科に何とか進学できたのである。

だが、我が家の家計を案じると、このままのうのうと高校に通っていて良いものかという思いが次第に私の心の中に澱の様に蓄積されて、時々それが静かに渦巻き、そして巻き上がる事があ

った。

水産高校特有の一週間におよぶ海洋訓練が終了して一学期が終わり、みかんの缶詰工場でアルバイトに明け暮れていた夏休みの某日、立ち寄った書店で、偶然自衛隊生徒試験問題集という本が目に留まった。

(『自衛隊生徒』とはいったい何だ?)

私は興味を引かれた。

その本によると、自衛隊生徒は四年間の教育課程で、高校卒業資格が得られ、衣食住が無料の上給料まで貰える。その上、海上要員は二級無線通信士の資格まで取得できる様であった。

私が通う水産高校の無線通信科は、県の漁業無線講習所が一年前に水産高校に併合され、鮪船乗り組みの三級無線通信士を養成をする新設科であった。しかし、世界の大海原を巡るロマンと、諸外国を訪れたいという夢をもっていた私は、出来れば漁船ではなく外国航路の大型商船の無線通信士になりたいと思っていた。従って二級無線通信士の資格はおおきな魅力であった。

そして、海上自衛隊の護衛艦の無線通信士も悪くはない、うまくいけば練習艦隊で外国に行けるかもしれないと都合良く考えもした。

私は誰にも相談することなく密かに願書を取り寄せ、海上自衛隊を第一志望として受験した。

だが、合格通知が届いたのは第二志望の陸上自衛隊からであった。

「君は海上要員が第一志望だったが、陸上《うち》で貰う事にした。海であろうと陸であろうと、お国に御奉公するのは同じだからね。それに、君の希望する通信科は陸上自衛隊にもあるから、まあ頑張りなさい」

入隊説明日、年輩の三等陸佐の募集官が私にそう言った。

このご時世に、お国に御奉公とは随分時代錯誤な事を言うものだと思ったが、まあ試験の成績が悪かったか、或いは海上自衛官としての適性が無かったのであろう。

だが、折角三〇倍近い競争率で合格したのだ、この際、給料を貰えて高校を卒業出来るなら陸上自衛隊でもいいかと入隊を決意した。

出発の日の朝、

「おじいさんがね、まだ子供なのにあいつは何で兵隊なんかに行ってしまうのかなあ。やっぱり、ウチに居るのが心苦しかったのかなあって、寂しがっていたよ。ええかね、身体にだけは気を付けてやるだよ」

祖母が餞別をそっと渡してくれながらしんみりと私に言った。

水産高校の担任教師や、他の教師からも散々翻意をうながされ、中学時代の初恋の人や、周囲の人からもことごとく反対されての入隊であった。

陸上自衛隊生徒教育隊は神奈川県横須賀市の郊外、旧日本海軍武山海兵団に戦後米軍が進駐したその跡地にあった。相模湾の中でも一際《ひときわ》波静かな小田和湾に、南北が長く接した広大な武山駐屯地は、今も昔も若き兵士達の汗と涙が染み込んだ練兵の地である。

広い訓練場をはさみ、駐屯地の北側には陸上自衛隊第一教育団と海上自衛隊の新隊員教育隊が有り、南側一帯が陸上自衛隊生徒教育隊であった。

その生徒教育隊の隊舎を潮風から防ぐかの様に、海岸沿いに高く広い土塁が築かれていた。それは、この駐屯地唯一の実施部隊である、航空自衛隊のナイキアジャックスミサイル基地で、二四時間体制で首都防空の任に就いていた。時々演習の為のサイレンが鳴り、土塁の上部から、灰色に塗られたミサイルの尖端が上空を睨みつける様に仰角を上げているのが見えて、当初は少々不気味な思いもしたものであった。

この部隊には、元々陸上自衛隊の装備であったナイキアジャックスと共に航空自衛隊に移った、陸上自衛隊生徒出身の第一～二期生が基幹要員として任務に就いていた。何でもこの先輩達は、毎年アメリカで行われていた西側諸国軍隊のミサイル射撃競技会に於いて、日本の自衛隊が参加する以前は、常勝を誇っていた西ドイツ軍を破った精鋭であると聞いた。この事は世論を憚り一切日本では報道されなかったが、当時アメリカの新聞等で大きく報道されその資料も現存している。

自衛隊生徒は、受験資格を一七歳未満の中学卒業者とし、陸海空自衛隊のテクニカルスタッフとしての曹（下士官）を養成する四年制の教育機関として、昭和三〇年四月初旬に発足した。

陸上自衛隊生徒の第一期生は、久里浜（神奈川県横須賀市）の通信学校に六〇名、土浦（茨城県土浦市）の武器学校に六〇名、勝田（茨城県ひたちなか市）の施設学校に二〇名の、計一四〇名が全国各地から採用されて各学校に入隊した。その後、昭和三四年九月、第五期生からこの三校の生徒は武山駐屯地に移駐し、陸上自衛隊生徒教育隊として統合され、前期基礎課程の二年間はこの地での教育となった。

更にその後、昭和三八年九月、私達第九期生が一学年の二学期の時、生徒教育隊から少年工科学校へと改編された。だが、一応学校という名称にはなったが、我々の期までは従来の教育課程は全く変わらず、勉学より訓練に重きをおいていた。以後、期が進むにつれ教育内容も訓練課程も大きく変わっていった。

因みに、海上自衛隊生徒は江田島（広島県）の第一術科学校。航空自衛隊生徒は熊谷（埼玉県）の第四術科学校へ入隊した。

武山駐屯地には営門が南北二つ有り、当時は北側の門が駐屯地正門で、其の反対の通称南門が生徒隊の正門であった。

生徒隊正門を入ると右側に警衛所と集会所が有り、道をはさんだ左側歩道に天幕を張った入隊受付があった。

受付を済ませ入隊後の所属を告げられると、

「おおう、君は第一中隊第四区隊か、こっちこっち、ここに集まってくれ」

近くにいた制服姿の若い隊員に呼ばれた。すると、学生服姿の入隊予定者がたむろする、その雑然とした空気を断ち切る様に、

「きをつけーっ」

突然、大声の鋭い号令が掛かった。何事が起こったのかと振り向くと、警衛達全員が門を通過する一台のジープに対して姿勢を正し敬礼をしていた。呆気にとられている入隊予定者に案内の隊員が、営門を通過する幹部自衛官には警衛が「きをつけ」の号令かけるのだと説明してくれた。

いつか観た日本の軍隊物映画のワンシーンで、営門を通過する騎乗の将校に、歩哨が「敬礼」と号令を掛けて捧《ささ》げ銃《つつ》をしていたが、あれに良く似ているなと思った。そして、

（ああ、俺もいよいよ世間と決別して、自衛隊という名の軍隊に入るのだ）

と感慨を新たにしたのである。

案内の若い隊員の後に、私を含めた五人の者がゾロゾロとついて行くと、戦前からの建物と思える古惚けた木造二階建て隊舎に連れて行かれた。

薄暗い隊舎の中央には、床ワックス臭が強く漂う長い廊下が貫き、その両側に六つの広い居室兼寝室が有り、他に武器庫、事務室、区隊長室、中隊長室、それに洗面所が有った。二階には教場がやはり六つと、八畳の畳敷きの娯楽室が付いた合併教場と呼ばれる、広い教場とそのほか補給庫があった。

中央階段を上がった二階の踊り場の隅には、当初は兎に角多忙な為、全く見る事が出来なかった小さなテレビが天井近くにポツンと取付けられていた。便所はその踊り場の所に有り、全て洋式水洗で、こんな所に米駐留軍の名残をとどめていた。そしてしばらくの間、私達はこの便所に大いに悩まされる事になる。

一個区隊の定員は四二～三名、一個中隊は六個区隊編成であった。

各学年共に二個中隊の編成で、この年は一、二中隊が一年生、三、四中隊が二年生で、一年生の我々第九期生は入隊時総員五一一名であった。

私が所属した第一中隊第四区隊は総員四二名で、広い居室に古いスチール製の二段ベットが、部屋の中央の通路を挟んで、約六～七〇cm間隔に一〇台ごと二一台と、その他四台のシングルベットがぎっしり並んでいた。

シングルベットは指導生徒用で、受付から衣服や個人装備の受領、そして隊内の案内迄、細々《こまごま》と優しく付きっ切りで面倒を見てくれた、若いキビキビした隊員がその指導生徒であった。

指導生徒とは、二年生の各区隊から、学業・訓練・内務成績共に優秀な者が区隊長推薦で四名選ばれ、主に課業時間外の内務生活や規律、生徒の自治活動に於いて新入生の指導に当たる制度で、期間は二ヶ月であった。その指導生徒の大人びた物腰から隙のない服装態度に至る迄、一年間の差がこんなに違うものかと素直に私は驚いた。そして、指導生徒を含めた他の二年生も妙に優しく親切で、顔を会わせ敬礼をすると、いつも明るいにこやかな敬礼が返ってきた。

私が中退してきたバンカラな水産高校に比べれば全てがずっと穏やかであった。

宣誓

私は、我が国の平和と独立を守る自衛隊の使命を自覚し、日本国憲法及び法令を遵守し、一致団結、厳正な規律を保持し、常に徳操を養い、人格を尊重し、心身をきたえ、技能をみがき、政治的活動に関与せず、強い責任感を持って専心職務の遂行にあたり、事に臨んでは危険を顧みず、身をもって責務の完遂に努め、もって国民の負託にこたえることを誓います。

散りはじめた桜に静かに降り注ぐ紅雨の中、駐屯地集会所において入隊式が執り行われた。『……事に臨んでは危険を顧みず、身をもって責務の完遂に努め』とは、一五、六歳の少年達が宣誓する内容としては少々過酷とも思える文言だが、入隊したからには、少年と雖も国を守るのだから当たり前だという気概をもって、私達は躊躇わず服務の宣誓書を朗読し署名捺印した。

そして私は、団塊と呼ばれる世代においては、ほんの一握り、否一つまみにも満たない、戦後生まれの少年兵、第九期陸上自衛隊生徒としてその一歩を踏み出したのである。

三等陸士

昭和三八年当時の陸上自衛隊の階級は、上から、陸将、陸将補、これらが将官。陸将には甲と乙が有り、甲は旧軍で言えば大将で幕僚長や方面総監（軍司令官）等がこれにあたる。乙は中将で師団長クラス。陸将補は少将で旅団又は団長クラスである。

一等陸佐、二等陸佐、三等陸佐の佐官は、一等陸佐が大佐で連隊長、二等陸佐は中佐で大隊長、三等陸佐は少佐で大隊幕僚か中隊長クラスになる。

一等陸尉、二等陸尉、三等陸尉の尉官は、一等陸尉が大尉で中隊長、二、三等陸尉は中尉少尉で小隊長クラス。と、ここまでが幹部、つまり将校士官である。

次いで、一等陸曹、二等陸曹、三等陸曹が下士官で、これも旧軍で言えば、上から曹長、軍曹、伍長で、中隊や小隊の先任陸曹や小隊陸曹そして班長である。

後年制定された准尉や曹長と言った准士官的階級はこの頃にはまだ無かった。

そして、一般隊員と呼ばれていた、陸士長、一等陸士、二等陸士が兵卒である。これは言わば契約制社員の様なもので、任期制隊員とも呼ばれ、今も陸上自衛隊は二年満期制である（海上と航空は技術技能の関係で三年満期。陸上も技術系は三年満期）。

我々自衛隊生徒の階級は、一八歳以上で入隊する一般隊員の二等陸士の、その又下の三等陸士、言わば三等兵であった。この三等陸士は、自衛隊生徒のみの階級で、逆山形一本線の階級章は自衛官の階級の中ではある意味特別な階級と言えた。

そして入隊当初はその階級章の少し上に、陸曹候補生としての、やや大きめの銀色の桜花章を付けていた。しかし、我々が入隊して間も無く、その桜花章は生徒の証として両襟に付ける様になった。制服や制帽は一般隊員と同じものであった。

生徒は入隊して一年半は三等陸士の為、半年の間一、二学年は同じ階級である。だが同じ階級章を付けていても、生徒隊生活一年の差は大きく、服装態度や帽子のかぶり方、体格や身のこなしで学年の区別がはっきりとついたものだ。

そんな訳で、二年生に進級してまだ三等陸士にもかかわらず、通りすがりの入隊したばかりの、階級的には一階級上の新隊員の二等陸士に向かって、

「おいこらっ、そこの新兵待てっ、今何故俺に欠礼した。敬礼せんかっ」

等と怒鳴りつけ、慌てて敬礼する新隊員を見て面白がっているやんちゃな奴もいた。年齢的には、少なくとも二、三歳上の新隊員も慌てて敬礼する程、生徒隊での一年間の生活は、一六、七歳の少年を古参隊員の如く見せていた様だ。

所謂これは、旧陸軍で言われたところの〝飯盒《めんこ》の数《かず》〟という事であろうか。

九州や東北、北海道といった遠隔地からの入隊者が多い為、入隊受付が四月三日、四日と二日間に及び、正式な入隊式は四月八日であった。入隊式迄の間、身体検査や学力試験それに各種検査、隊内の見学、日常使う衣服や装備の受領とその整備、教科書教範類の受領、自衛官としての最低限の基本動作等の教練があった。

各種検査の一つ、クレペリン検査の時のことである。クレペリンは左端の一段目から順番に並んでいる数字の足し算を繰り返していく作業検査法の代表的なものであるが、終了時に何気なく隣を見て私は驚いた。熊本県出身のT生徒の検査用紙はほとんど全てが埋まっていたからである。

「おい、お前すごいな、全部右までやってあるじゃあないか」

私がささやくと、

「うん、俺は暗算が得意だから、このくらいはな」

と、T生徒はつまらなそうに指で検査用紙を弾いた。

その様な時を過ごしながら、新入生達は時折起こる不安感や希望に弾む心が交錯する中で、区隊長や助教、指導生徒や他の二年生達の親切で優しい対応に接し、珍しい所に合宿にでも来た様な楽しい隊内生活を過ごした。だがそれも、入隊祝賀会を兼ねた昼食迄の事であった。

「まてえ、そこの一年生。今何故欠礼をした。お客様扱いはもう終わりだ。そのチンタラした態度は何だ！　きをつけえ、敬礼。ナーンダその敬礼はナットらんぞ。よーし只今よりこの場で敬礼演習を行う。なおれ、休め、きをつけえ、正面に対し敬礼、なおれ、正面に対し――」

「こらーっ、おい、お前、お前だ。こっちに来い。何だその服装は、胸のボタンがはずれとるじゃあないか、ぶったるんどるぞ」
祝賀会場の食堂を出ると、路上の其処此処で、鬼の形相をした二年生達の怒号が飛び交っている。うっかり欠礼した者、服装態度が少し悪い者、中には何が悪かったのか道路脇で腕立て伏せをさせられて脂汗を流し、今食べてきた物を吐き出しそうにしている者もいた。

新入生の生活はこの日を境にして、まるで異次元に踏み込んでしまった様に全てが変わった。起床六時。急《せ》き立てる様な起床ラッパの音と共に、上級生の不寝番が、睡眠を一時間削られた鬱憤を晴らすかの様に、

「キショー、キショー」

とがなり立てる。

「点呼だ、点呼ー、急げ、急げ、急げえ、モタモタするな、急げえ」

指導生徒の怒号が荒れ飛ぶ中、慌ててベットを這い出して作業服を着て、まごつきながら慣れない編み上げ式の半長靴を履き、指導生徒達に追いまくられて必死の思いで外に飛び出す。のんびりした今までの朝とは大違いであった。

舎前に整列して指導生徒の教え通り、各区隊の当直生徒がたどたどしく当直幹部に点呼の報告をする。全区隊の報告が終わり、ヤレヤレと思っていると、当直幹部が思わぬ事を言った。

「遅い、遅いぞ。各自速《すみ》やかに居室に戻り、もう一度下着になりベットに入って寝ろ。諸君の起床動作は極めて遅い。再び起床を掛けるから、確実に五分以内で現在地に整列せよ。以上、かかれ」

分刻みの時間に追いまくられる生活が始まった。

此処に当時の大まかな日課時間表がある。

起床	〇六：〇〇
日朝点呼	〇六：〇五
朝食	〇六：三〇
自習	〇七：二〇
朝礼	〇八：〇〇
午前課業開始	〇八：一〇
午前課業終了	一二：〇〇
昼食	一二：〇〇
午後課業開始	一三：〇〇
課業終了・終礼	一七：〇〇
夕食入浴	一七：一〇
自習開始	一九：〇〇
自習終了	二一：〇〇
日夕点呼	二一：三〇

日朝点呼の後は駆け足で一汗かき、慌ただしく食事を済ませると、掃除、身辺の整理整頓、靴磨き。靴は制服用の短靴一足に半長靴二足を、毎日顔が映る程にピカピカに磨いて置かなければならない。

消灯　二二：〇〇

ベットの上には五枚の毛布と二枚のシーツをたたみ、まるで羊羹を鋭利な包丁で断ち切った様に端を一直線に揃えて、少しの皺や弛みが有ってもいけない。

勿論室内の清掃は厳しく、塵一つでも落ちている事が指導生徒に見つかれば、すぐ腕立て伏せ数十回を科せられた。頻繁に作業員と称する雑務もかかってくる。自習もしなければならない。その間のわずかな時間をみて素早く洗顔し、用も足さねばならない。ところが、これが当初最大の悩みの種となった。米軍の置き土産である便所は全て洋式便器である。私を含めた多くの田舎出の少年達は、まだ一般家庭ではほとんど普及していなかった洋式便器などは余り使った事が無い。その所為で座っていてはなかなかうまく用が足せない。そこで、便座の上に上《のぼ》り足をかけてしゃがむ者、反対向きに跨《また》ぐ者等々、みんな必死に涙ぐましい努力をした様だ。

朝がだめなら消灯後に、と便所に行くが、思う事は皆同じで何時も満室である。ドアをノックしても中で盛んに力む声ばかり聞こえてきた。そして、そんな努力も空しく一週間以上ガスばかり出て、出るべきものが全く出ないという状態が続き、大層苦しい思いをした。

夜は、夕食と入浴の後、自習時間迄の一時間程は自由時間であるが、実質、自由な時間等どこを探しても無い。この時間を手ぐすねを引いて待ち構えていた指導生徒達から、舎前集合がかかる。慌ただしく中隊の全生徒が舎前（隊舎前広場）に整列すると、各区隊の指導生徒の指揮で、生徒の自治活動である隊歌演習と号令調整が始まる。大きな円陣を作って行進しながら、あらん限りの声を振り絞って隊歌や、元寇、橘中佐、四条畷などといった軍歌を歌う。そして又、全員声を揃えて、咽喉が嗄れるまで大声で様々な号令をかける。どんなに大声を出しても、「聞こえんぞ、声が小さい、もっと声を出せ」と言っては背中をどつかれ、更に声を張り上げるが、いつまでたっても、「元気が無い、聞こえん、ぶったるんどるぞ」と怒鳴られるばかりであった。世間では夕方の団欒の時間であろう。近在の民家から喧しいと苦情が来ないのが不思議なくらいであった。

一九時から二一時迄の二時間は強制自習で、物音一つ立ててはいけない。手紙を書いたり居眠りには常に厳しい指導生徒の目が光っていた。自習が終了すると、清掃と再び細々《こまごま》とした身辺の整理整頓、そして又指導生徒による点検が行われ、一人でも不備な点が見つかれば連帯責任で腕立て伏せを科せられた。

「消灯ー、消灯ー」

不寝番の張り上げる声と共に哀調を帯びた消灯ラッパが鳴り響き、常夜灯を除き隊舎の全ての照明が落とされる。こうした生活の中で、私達新入生徒は時間を効率良く使う方法を身体で覚えていった。

「達する、達する、当直幹部より達する。第一中隊の九期生諸君、本日の課業ご苦労であった。早いもので諸君が入隊してすでに一週間が経った。郷里《くに》の父上母上は、息子は元気に頑張っているだろうか、怪我や病気はしていまいか、食事はしっかりと摂っているだろうか……、色々と心配されている事であろう。……もうご両親には便りを出したか？　皆一日も早く生徒隊の生活に慣れて、元気に勉学並びに訓練に励む様に鋭意努力せよ。……まだまだ春とはいえ夜は冷える、脱衾《だっきん》（毛布をはねのけて寝る）して風邪等ひかぬ様に十分注意せよ。そして、又明日から元気で課業に精励出来る様にゆっくり休み、英気を養う様にせよ。以上当直幹部。終わり」

スピーカーから、当直幹部に上番したばかりの第三区隊長の特徴のある鼻にかかる声が、新入生の郷愁を煽る様に響いた。早くもホームシックにかかり郷里の父母兄弟の事が想い出されるのか、すすり泣く声や嗚咽を堪《こら》え様とする声が連鎖を呼び寝室の彼方此方から忍び聞こえてきた。

私は既に親元を離れて二年以上経っていたので、しんみりとした感慨も束の間すぐに深い眠りの淵に引き込まれていった。

武山旋風

横須賀市街から三浦半島の中程を横断する様に横須賀三崎線の道路が走っている。衣笠の街を過ぎ、二つの短い隧道を抜け、ダラダラとした長い曲がった坂を下り終わると、道は武山駐屯地にぶつかる。その長い坂の中程の左手奥辺りに標高二〇〇メートル余りの小高い山がある。武山である。武山は、道を隔てた北側のやや離れた所にある大楠山と共に、登山訓練や払暁非常呼集訓練で叩き起こされて、乙武装（完全武装）の重みに耐えて登った馴染み深くも又苦しい思い出の山である。その武山の山裾の一部で旋風が起こった。

終礼の国旗降下後、素早く食堂に急ぐ。少しでも遅れれば長々とした列に並ばなければならず、後々の事にも支障が生じるのでつい小走りになる。そこを二年生が待ち構えていて、

「待てー、そこの一年生」

とくる。

「自衛隊生徒たる者が、たかが食事の為に走るとは何事だ。はしたないぞ」

という訳である。そしてこの時、運悪く捕まってしまった腹ペコの哀れな一年生は、その場で腕立て伏せをさせられて脂汗を滴らせる羽目になる。

又、遅れて食堂に入っても厄介な事が待ち構えていた。席がないのである。否、見渡せば空席は可成り有るのだが、それらは全て二年生が座っている前の席であった。上級生の前に座る場合、

「第○中隊第×区隊△△生徒。失礼します」

と大声で申し告げなければならない。この時、意地の悪い二年生の前にうっかり立とうものなら大変であった。

「何ィ、何だとお。オイ一年生、今何か言ったか、声が小さくて聞こえんかったぞ。もう一度やり直せ」

こうなるともう食事どころではなくなる。当初は要領の悪い一年生の大声が、食堂の彼方此方に響き渡ったものである。

私は幸いにも、この様な事も含めて、一年間殆ど二年生からの個人的指導を受けた事は無かったが、同期生が虐められているのを見ながらの食事は、不味い飯がより不味くなったものだ。尤も、二年生の全部が常に一年生虐めをしていた訳ではない、むしろそれは少数であった。指導の行き過ぎは単なる虐めになる。それが分かっていない者たちがいた様だ。始末が悪いのは、それを楽しんでいる節が見受けられる者が、何人かいたという事である。その中で悪名高きSという二年生がいた。私の区隊でも相当数の者が、何らかの事でそのS生徒に被害を受けていた。実は、

私も一度だけこの生徒から呼び止められた事があった。

その日、私は一人だけ何かの都合で入浴が皆より遅れて、浴場から急ぎ足で食堂の脇を通り、自分の隊舎に帰る所であった。季節は初秋。時刻はもうすぐ夜の強制自習が始まる一九時になろうとする黄昏時である。そこだけ少し暮色が濃くなった様な食堂の蔭に、誰かが一人佇んでいるのを目の端に捉えながら、私は先を急いだ。

するると食堂を通り過ぎた辺りで、

「待て」

と声が掛かった。辺りには私しかいない。勿論私を呼び止めたのである。だが聞こえぬ振りをして歩いていると、

「待てっ」

又掛かった。殆どの生徒はもう自習準備に入っているはずである。

（待ってたまるもんか、自習に遅れる）

私が尚も聞こえぬ振りをして歩をゆるめずに先を急いでいると、

「こらーっ、まてぇそこの一年生」

怒号と共に足音が追い掛けて来た。

（ああ！　クッソー、これで自習に遅れる）

仕方無く私は立ち止まり振り向いた。

（ははあ、こいつが噂のSという二年生だな。……でも多分、同い年だろ。よおし、幸い辺りには誰もいないな、事と次第によっては……）

私は同期生達が散々やられた事を思うと、胸がむかつき自然と握り拳に力が入った。

自分で言うのもナンだが、私は普段非常に大人しい性格である。少しぼんやりしている風にも見える様だが、私の身体の中には頑固で意地っ張りでへそ曲がり、おまけに短気な、肥後もっこすの父の血が半分色濃く流れている。——悪い癖だが言葉より手が先に出る方であった。

「……、自分……、ですか」

極力無表情を装って私は言った。

「おおう、ハアハアハア、お前しかおらんだろうが、ハアハア、あれっ……、あ、何だお前かよ……」

近づいて私の顔を確かめたS生徒は、

「んーんと……、お前さあ、俺に気がつかんかったか」

柔道部で数少ない黒帯の一人であったのと、大柄な上、濃紺で蛇腹が付いた少し変わった水産高校の学生服で入隊した私を見知っていたのか、S生徒は戸惑いを見せながら言った。

「はあ」

「ううーん、……あのな……」

「……」

「自衛官は、殊に自衛隊生徒たる我々は、……だ。その……えーと、常に辺りを警戒しつつ……、特に夜間に於いては一層の注意を払い……うーんと、あー、……もう自習だな、遅れるぞ。ご苦労さん。早くいけよ」

そう言うと、S生徒は自分の隊舎の方にそそくさと帰って行った。

(何だよ、何がご苦労さんだ。遅れさせたのはテメエだろうが。全く、くだらねえ野郎だ)

私は心の中で毒づきながら時間を気にしてその場を離れた。

私の場合はこんな具合で済んだが、日常茶飯の様に指導という名の虐めがまかり通っていた。個人的な指導や、指導の名を借りた虐めは元より論外であるが、生徒隊の様な集団生活に於いて度々生じるのが連帯責任という名の指導である。その連帯責任と言うべき武山旋風が巻き起こったのは、入隊して一ヶ月程経った頃であった。

例によってその日も夜の自習が始まり、暫くすると教場の後ろに座っていた四人の指導生徒の気配が消えた。そして指導生徒達は何処へ行ったのか、暫くは戻って来なかった。やがて其処此処で小さな私語を交わす声がして、緊張していた教場の空気が次第に弛緩し始めた、そんな時であった。音も無く教場の後ろから戻った四人の指導生徒が、突然教壇に駆け上がり仁王立ちになった。

「誰が自習中の私語を許可したっ、ええっ。お前達は俺達がいないといつもこうかっ。まあ、こんな陰日向があるから大変な事が起こるんだ。いいか聞けっ!」

押し殺した声で、指導生徒の中で一番小柄でうるさ型のS生徒が、精一杯のどすを聞かせながら言った。

「只今、階下の第四区隊居室に於いて、武山旋風が起こった。各自は他の区隊の自習の妨げにならぬ様に、静粛に行動し速やかに後かたづけに掛かれ。良いか、くれぐれも物音を立てるな。私語は勿論厳禁だ、かかれ」

居室に降りて驚いた。当《まさ》に大きな旋風が吹き荒れた後であった。ベットのマットや毛布や枕、靴、衣嚢、装備類一切合切の物がひっくり返され、或いは外に投げ出され滅茶苦茶な状態になっていた。

「電気は点けるな、そのまま聞け。日頃のお前達の整理整頓が余りにもだらしが無い為、武山神社の神様の怒りに触れ旋風がふいたのだ。速やかに且つ静粛に片づけろ。絶対私語はするな」

指導生徒達の押し殺した叱咤が矢継ぎ早に飛ぶ。暗闇の中で何が誰の物やら皆目分からない。取りあえず手にした物から同期生同士が協力して黙々と整えていった。

この時期の新入生の各区隊の居室では、一名でも整理整頓の悪い者がいれば、連帯責任の元に武山旋風が吹き荒れた。これは生徒隊入隊後の一種の通過儀礼でもあった。

余り行きすぎた指導や暴力的制裁は私の所属した区隊では無かったが、仄聞するところによると、消灯後、旧陸軍の内務班で行われた新兵いじめの様な、実に馬鹿げた制裁を行った指導生徒もいた様である。

音楽の授業

陸上自衛隊の生徒は、高校卒業資格を取得するため、入隊後、神奈川県立湘南高等学校通信教育課程に入学する事になっていた。

四月末の日曜日、チャーターした京浜急行バス一二台に分乗した我々第九期生は、当時全国的にも有数な進学校に入学式の為出掛けた。日曜日の湘南高校はクラブ活動のわずかな生徒を除き、校内は閑散としていた。かつて私が通っていた実業高校に比べ、伝統有る一流進学校はどことなく上品な佇まいであった。

第七期生よりこの制度になったが、毎期二割強の高校一年修了者がいた。通信制高校の修業年限は四年だが、私の様な高校一年修了の者は生徒課程の三年終了時に卒業資格が得られた。

私達第九期生迄は、四年間の生徒教育課程の内、前期二年間は武山の生徒教育隊で、一般基礎学、専門基礎学、体育、戦闘及び戦技訓練を主に履修した。そしてその他、自衛官として必要な徳操教育、営内服務、クラブ活動等がこれに加わった。

学業に於いては、一学年で一般基礎学と呼ばれていた高校普通科の一、二年の課目を履修し、二学年で高校普通科三年の課目に加え、電子、電気、機械、応用化学、土木といった専門基礎学をそれぞれの進路にしたがって履修した。

三学年以降の後期課程は、各職種学校に二年間在籍し、陸曹として、又技術者としての基礎を学び、その内一年間が隊付き実習であった。

一般基礎学の内容は、文部省高等学校学習指導要領に従ってはいたが、高校普通科三年のカリキュラムを二年間で圧縮して履修し、その成績がそのまま高校の成績となった。

しかし、通信教育という性質上、年数回のスクーリングが有り、その都度日曜日にバスをチャーターして藤沢市鵠沼にある湘南高校まで通った。

一応高校普通科履修である為、芸術科の単位も取得しなければならない。しかし当時の生徒隊には芸術科の教官はいないし、勿論設備や教材も無い。その為それらの授業はスクーリング時に受けたり、希に湘南高校の教師が生徒隊へ出張されて来た。

某日、音楽の授業の為、若い女性教師が来隊され、合併教場と呼ばれていた広い教場で、三個区隊合同の音楽授業が行われた。

教師が入ってくると、第四区隊当直生徒がいつもの様に号令をかけた。

「きをつけーっ、四、五、六区隊合同、総員一二三名事故二名、現在員一二一名。事故の内訳は熱発《ねっぱつ》就寝一、通院一。以上です」

大声の報告と共に菜っ葉服の一二一名が姿勢を正した。

これには、若い女性教師も少したじろいだ様子であったが、

「は、はい、分かりました。ううーんと……、ここにはピアノもオルガンも、何も無いのよねえ……」

と呟きながら室内を見回して小さな溜め息を吐いた。それでも気を取り直した様に黒板に五線譜を書き授業が始まった。

まるで号令調整か隊歌演習をやっている様な調子で、我々がドーとかミーとかソー等と怒鳴っていると、一五分程経った頃、いきなり非常ベルがけたたましく鳴り響き、教場備え付けのスピーカーが叫んだ。

「火災呼集、火災呼集、駐屯地近くにおいて火災発生。各自は所定の装備を整えて舎前に集合せよ。これは訓練に非ず。繰り返す。火災呼集、火災呼集――」

すわっ！　これは訓練じゃあない本物の火事だとばかり、一瞬の内に生徒達に緊張が走り、教場を飛び出して各自服装を整えて、それぞれの担当の消火道具置き場に走った。

生徒隊生活も時を経るにしたがって呼集訓練が激しくなっていった。それは主に課業時間外に掛かり、寝入り端でも夜中でも朝方でも、時間かまわず掛かった。

初めは多分に戸惑い慌てまごついていたが、訓練を重ねると、普段のんびり屋の私でも、まるでパブロフの犬のごとく非常ベルに反応して素早く身体が動く様になった。

火災呼集の際の各自の服装は、戦闘服を兼ねた作業服に、ヘルメット、弾帯、半長靴、左上腕部にタオルを巻くのが基本であった。あとはそれぞれの担当消火道具を持って、隊舎前の所定の位置に集合して命令を待つのである。しかし、その当時の消火道具たるや実にお粗末であった。大型の水鉄砲よりは少しましかなと思う様な手持ちの消火ポンプ。昔ながらの鳶口《とびぐち》。長い竹の先に荒縄の束をくくり付けた火叩き。それに外側内側共にペンキで赤く塗ったバケツ。これに『桜にせの字』の纏《まとい》でも有れば、まるで江戸時代の町火消しの様な装備である。

それでも我々は必死であった。

火災呼集集結後、生徒隊の各隊は整列して「別命あるまでそのまま待機」で時間が過ぎた。だがこの待機というのがなかなか辛い。私語を交わしながらダラダラと待つのではない、隊伍を崩す事無くきちんと整列して待たねばならない。しかもこの様な外部の火災では集合待機だけで実際の出動はほとんど無い。火災に限らず、どんな災害でも公式に出動要請が無い限り、自衛隊は勝手に動く事が出来ないのである。

しかし、出動要請があれば、生徒と雖も自衛官である以上、「事に臨んでは危険を顧みず」であった。実際、昭和四九年には第一八期生が、集中豪雨に見舞われて大水害を被った横須賀市の要請により、授業時間を割いて、文字通り危険を顧みずの災害派遣に赴いている。

その時の火事は、駐屯地近くにあったヤマザキパン工場内で起こった小火《ぼや》であった。やがて鎮火の報告が届き各隊解散、授業再開となった。音楽授業中のこの椿事は、湘南高校の音楽教師を大変驚愕させた様だ。

我々が装備を解いて、どやどやと教室に戻ると、音楽教師が一人呆然《ぼうぜん》と教壇に佇んでいた。

「いったい何が起こったの、火事って言ってたけど何処にも火や煙は見えないし、あっと言う間にみんな居なくなっちゃうし、私どうしたらいいのか、もうビックリしちゃったわよー」

全員揃って着席し、当直生徒が経過説明しているところに時限終業となり音楽の授業は終わった。

その後我々は全員優秀な成績？　で、無事、音楽の単位を取得した。

非常呼集、乙武装

日中の厳しい課業や訓練の所為で、夢も見ずに深い眠りの淵に沈んでいた私の意識が、工事現場のリベット打ちの様な耳障りな音で半ば覚醒した。

「ダダダ、ダダダ、ダダダン」

スプリングの弛んだベットをきしませながら、二段ベットの私の上に寝ていた富山県出身のK生徒の起きる気配がした。

「なんや、うるさいなあ、……あ、ああ、なんやあれ、機関銃みたいなもんで誰かがこっちを撃ちよるでえ」

K生徒の声で、私もベットから起きて窓の側に寄り、弦月の夜の闇をすかして見ると、伏撃《ねう》ちの姿勢でこちらに銃口を向けている機関銃手と、その横に片膝をついた指揮官らしきシルエットがぼんやりと浮かんで見えた。

「ダダダ、ダダダ、ダダダダン」

闇を切り裂き閃光が弾けた。

「うわっ、こっちを狙ってるぞ」

「何だ、何が始まったんだ？」

ほとんどの者が起き出して窓の近くに寄ってきた。しかし、これ程の騒ぎでも昼間の疲れもあってまだ寝ている強者《つわもの》もいた。

入隊して初めての俸給で買った安物の腕時計に目を近づけると、蛍光塗料を塗った文字盤の針が午前一時三〇分を指していた。

「ヒジョーコシュー、ヒジョーコシュー」

不寝番の怒鳴る声と共に、耳を聾する非常ベルが隊内に響き渡った。

「訓練非常呼集、訓練非常呼集、乙武装。繰り返す、訓練非常呼集、訓練非常呼集、乙武装。各自装備を整えて速やかに舎前に集合せよ」

当直幹部の鋭く低く抑えた声が、チャイムの前置きも無くスピーカーから流れた。

暗闇の室内は騒然となった。

「おーい、暗くてどこに装備があるか何もわからんぞ、灯りを点けろ」

入り口近くの者が慌てて室内灯のスイッチを入れる。

「あっ、バカヤロー、消せ、灯りを消せ、灯りを点けたら敵から丸見えだろ、早く灯りを消せっ！」

指導生徒達の怒声ですぐ灯りが消され、室内は又騒然とした暗闇となった。

作業服兼戦闘服を着け、編み上げ式の半長靴を履き、弾帯を締め、中帽《なかぼう》（ヘルメット）をかぶる。この一連の動作は、入隊して一ヶ月余りの訓練の成果が多少出てきたのか、まだ半分寝惚けつつも何とか身体が動いた。しかし、暗闇の中で何処に自分の装備が置いてあるのか皆目《かいもく》分からず、皆右往左往している。火災呼集訓練は入隊以来かなり頻繁にかかり、それに加えて時々非常呼集訓練が掛かったが、この時のような乙武装は初めてであった。

乙武装とは、銃を持ち、個人用天幕と支柱、飯盒、鉄帽（中帽の上にかぶる鉄のヘルメット）、トレンチショベルをくくり付けた背嚢を背負い、弾帯に銃剣と水筒をつけた完全武装の事である。

「ガタガタ騒ぐな。何をしてるかっ、急げ、急げ、急がんか、モタモタするな、急げーっ」

指導生徒がそれぞれの担当班員を叱咤する。指導生徒達はその一年の経験から、この種の訓練を予測出来ていた様で、すっかり身支度を整えていた。だがこの時点の我々新入生は何が何やらさっぱり分からず、暗闇の中で装備を探して、いたずらに押し合い圧し合いするのみであった。

やっとの事で何とか装備を整えて武器庫に走り銃を執り、あたふたと所定の場所に駆けつけた。集合整列が早い区隊毎に、当直生徒の報告する声が真夜中の営庭に響く。

遅れた区隊は連帯責任で、後に指導生徒の厳しい指導が待っていた。

この時の当直幹部は私の区隊長の田中二尉で、この空砲を用いての訓練はこの人の発意の様であった。この種の訓練はその時の当直司令、或いは、各中隊の当直幹部によって趣向が異なっていた。

その後、半年一年と経つ内に、

「〇〇中隊長が当直司令に上番したから、今夜辺り早速火災呼集か非常呼集が掛かるぞ」
「明後日の三月一〇日は昔の陸軍記念日だそうだ。毎年の恒例で、乙武装で大楠山登山だ」
「予科練出身の第四中隊長が当直司令についたぞ。五月二七日は海軍記念日だ。こりゃー何かあるな」

等と情報が伝わって来て、少しの余裕と心の準備が出来る様になったが、この時は機関銃の音で度肝を抜かれ、初めての完全武装で皆慌てふためいてしまった。

漸く中隊全員が揃い、隊装検査が行われたが、気になった事が一つあった。私の前に立ち、点検を終了した田中二尉が、最後に私の腰の水筒をヒョイと指でつついた事であった。やがて「状況終わり」が告げられ田中二尉の講評になった。

「講評。今回は初めての乙武装による非常呼集訓練であったが、こんなにまごついていては、我が第一中隊は全滅になったと心得よ。諸君は入隊して一ヶ月以上経っておる、にもかかわらず全てに於いて手際が悪く遅い。日頃から装備の点検整備を怠っているから、いざという時にまごついてしまうのだ。目をつぶっていても各自の装備品がどこにあるか掌握しておけ。又機関銃の奇襲攻撃に曝されているにも拘わらず、居室の灯りを点けるのは言語同断である。……それから水筒に水が入っていない者、一歩前に出ろ」

一瞬の間が有り、ほとんどの者がザッと足音をたてて前に出た。

(あっ、水筒をつつかれた訳は……)

そう思いつつ私も前に出た。あの忙しさの中で、水筒に水を入れる事など思いもつかなかったのである。

「いいか、かたちばかり取り繕うな。空の水筒を腰にぶら下げて、ハイ装備が整いましたでは仮装競争だ。水筒は何の為にある、飾りで腰にぶら下げるのではない。これから今すぐ出動して行軍になったらどうする。水無しで行軍する気か。水無しの行軍は苦しいぞ、今後絶対この様な事の無い様にせよ」

後年、夏の炎天下での戦闘訓練や耐熱行進訓練で、水筒のキャップ一杯の水の大切さを思い知らされる事になる。


その後も前期二年間の課程に於いて、非常呼集訓練と火災呼集訓練は日常的に掛かった。わけても二年進級時の春は、一晩に三回も掛かり、その三回目の締めくくりは、石炭の燃え滓を敷き詰めた様な営庭で何度も何度も匍匐前進を繰り返し、戦闘服を真っ黒に染めて朝を迎えた。

「九期生諸君ご苦労。空を見ろ、実に清々しい朝ぼらけだ。まるで諸官の進級を祝っている様だ。二年進級おめでとう。尚一層の努力精進を希望する」

旧式の羅紗地の様な黄土色の制服に、大分型崩れした制帽を斜め阿弥陀にかぶった予科練の生き残りと噂される、当直司令である第四教育隊長の少々芝居がかった祝いの言葉であった。

この様な訓練を経ながら、日中の通常訓練と、それによって激しく襲い来る授業時間中の睡魔との戦いの中で、生徒隊生活は厳しさを増していった。

菜っ葉にコロッケ

授業開始のチャイムが鳴り、教場に教官又は区隊長が入って来ると、当直生徒は「きをつけ」の号令をかける。

そして当直生徒のみが起立して、

「第四区隊、総員四二名、事故なし、現在員四二名」

と申告し他の生徒は机に座したまま姿勢を正す。

「休め」

教官が号令する。これで授業開始となる。

英語の授業は少し違っていた。まず「きをつけ」の替わりに、

「attention !」

と号令をかける様に言われ、

「At ease !」

で授業が始まった。

この英語教官は、一般基礎学教官には珍しい一等陸尉の制服組で、胸に空挺マークとレンジャー徽章を付けた猛者であった。


生きた英語を学びに行こうと誘われたのは、入隊して二ヶ月程経った六月の衣替えの時期であった。

少し身体に馴染み始めた暗緑色の第一種冬制服から、支給されたばかりの薄い灰色の第一種夏制服に着替えて、中隊の正面入り口にある姿見を眺めてみた。馬子にも衣装とは言うものの、剃刀があたっていない囚人の様な丸刈りの頭に、少しだぶついた大きめのジャケット式制服は借り物の衣裳の様でどこか野暮ったく見えた。

生きた英語を学びに行こうという本当の目的は、

「横須賀のアメリカ海軍第七艦隊のベースキャンプに、航空母艦が入港したので見学に行こうぜ」という事で、皆、英語を学ぶというより好奇心が先に立っていた。自衛官の制服姿で、ベースキャンプの衛兵に見学させてほしい旨を告げれば簡単に許可してくれるという話しであった。

私は同期生三人と共に、真新しい夏制服に何となく違和感を感じつつも、意気揚々とアメリカ海軍ベースキャンプに向かった。しかし、始めは盛んだった意気もゲート近く迄行くと四人の足は自然と止まってしまった。

日曜日の為、車や人の出入りが少ないゲートで、アメリカ海軍の屈強な衛兵が所在なさげにこちらを見ている。

「おい、K、本当にベースの中に入れてもらえるのか？　空母を見せてもらえるのか？　アメちゃんの警衛がおっかない顔してこっちを睨んでるぞ」

入隊以来二段ベットの私の上に寝ている富山県出身のK生徒に私は言った。生徒隊では二段ベットの上下に寝ている者同士を、ベット親友と呼び、何事もお互いに助け合っていかなければならなかった。例えばどちらかが風邪を引き発熱して休んだ時等は、飯盒で三度の食事を運び、額を濡れたタオルで冷やしてやり、看病するのである。遅れた分の勉強は後でノートを貸してやったりもするのである。

「うーん、この間の県人会で、八期（二年生）達が話しをしているのを聞いたんやけどなあ」

K生徒は少し頼りなさそうに言うと、

「あのさ、この中で一番英語が得意なのは誰や……？　そいつがさ、まず代表でゲートのアメちゃんに交渉しに行くというのはどうや」

と提案した。

「バーカ、何言ってんだよ。そもそも言い出しっぺは、お前だろう。K、お前が行けよ。英語の勉強に来たんだろ。ほらほら英語の勉強、英語の勉強。行って来い」

私が言うと、他の二人も私に同調してK生徒の背中を押した。K生徒はしばらく躊躇していたが意を決してゲートに向かった。

少し小太りで小柄なK生徒は、大きな白人の衛兵に近づき、身振り手振りで奮闘していたが、

「おおーい、ＯＫ、ＯＫ、空母を見せてくれるってさ。早くこっちに来いよ」

成る程、簡単に許可が下りた。

「ゲートの中で少し待ってろってさ、すぐ案内が来てくれるそうや」

Ｋ生徒は得意そうに少し胸を張った。

「へーえ、Ｋ、お前の英語もなかなかのもんだな」

私が少しの労いを込めて言うと、

「えへっ、本当はさ、ほとんどボデーランゲージ、あははは」

とＫ生徒は照れた。


ベースキャンプのゲートの内側、そこはまさにアメリカ合衆国であった。

行き交う人々、きれいにペイントされた建物、木々や草、整然とした道路ときれいに刈り込まれた緑の芝生。全てがアメリカであった。潮の香を含み、心地良くそよぐ風までもがアメリカの風の様であった。

「うわあ、ここは日本の中のアメリカやな」

「うん、うん、まさしくアメリカだ」

「ＰＸはどこかな、連れて行ってくれないかな」

「何買うんだ」

「フフフ、プレイボーイとかさ、ペントハウス」

「ああっ、このスケベ、ははは、おれもほしいな」

私達が単純に興奮してゲート近くの歩道で待っていると、くたびれた洗いさらしの白いTシャツに、やや膝が出たベージュのズボンをはいた私服の白人が、

「ハーイ、hello. my○×▲□＊＊#、××○＊△・&＊＊#」

と、にこやかに手を上げてやって来た。

アメリカ人にしては小柄だが、どうやら空母乗り組みの水兵さんの様であった。

私はまずそのラフな服装に驚いた。昭和三八年当時の自衛隊では、幹部自衛官以外の隊員が隊内を私服で歩く事など考えられなかった。

（アメリカ軍の規律は余り厳しくない様だな）

私はそう思った。

そのヨレヨレの私服の水兵さんの後ろから、ややしゃちこ張った我々四人が歩調を揃えて続いた。陸上自衛隊では隊内を二人以上で歩く場合、これを部隊とみなし歩調を揃えて歩く様に指導されていた。入隊間もない私達は真面目にそれに従って歩いた。

キャンプ内を少し歩いて桟橋に近づくと、辺りの艦船を睥睨《へいげい》するかの様に、濃い灰色をした巨大な航空母艦が岸壁に繋留されていた。

K生徒の予備知識によると、これはレンジャーという航空母艦で六万余屯の巨体であるという。

こんな大きな船を見たのは初めてであった。在りし日の戦艦大和も、かくのごとき巨大であったのかと私達はあんぐりと口を開けて仰ぎ見た。

案内の水兵さんは長いタラップを軽やかに駆け上り、舷門の当直に一言二言何やら告げると、艦尾の方向に向かってサッと挙手の敬礼をし、私達に着いて来いのジェスチャーをした。

「へえ、服装は少しだらし無いけど、やる事はちゃんとやるんだ。俺達も見学させてもらうんだから、星条旗にもそれなりの敬意を払わなくちゃあな」

そんな事を誰にともなく言い、私が艦尾に揚がっていると思しきアメリカ国旗に向かって敬礼すると、皆もそれに倣った。水兵さんはそれを好意に満ちた眼差しで見ていたが、次の瞬間、矢庭に何か口走りながら走り出した。

「何だ、おい、何で急に走り出すんだよ。ここまで連れてきておいて、冗談じゃあないぜ。どこ行くんだよ」

私達は慌てて水兵さんを追って、灰色の迷路の様な艦内を必死になって付いていくと、水兵さんはいきなり何かの部屋に飛び込んだ。遅れてはまずい！　と、私達も我先にそれに続いた。そこは窓一つ無い実に殺風景な部屋で、白い清潔な便器が一〇個程列んでいた。

間仕切りも無ければ、勿論ドアも無い。むき出しのままの便器に跨り、大男の二人の白人米兵が尻を丸出しにして談笑しながら悠々と用を足していた。

唖然として入り口に佇む私達を見ても少しも動ぜず、その内の一人が、

「Oh. Hello. A. A. A.……コニュチファー、○×▲□＊：××◎、○＊」

にこやかに私達に言った。

「あっ、ハローハロー、こ・ん・に・ち・は」

K生徒が大声で答えたが、

「早口で何て言ってるか全然分からんなあ。こんな時は、I beg your pardon ……えーと、Would you speak a little …… slowly……かな?」

と私の横で呟いた。

こんな臭い所でケツ丸出しの奴に、パードンもスローリーもないだろうにと私は思ったが口には出さなかった。

我々の案内人は先刻から小用を催して急いでいた様だ。二人の米兵が座っている横で用を足し終わり、ホッとした様子で便器の水を流しながら、

「ヘイ、ついでに君達もどうだ」

と照れ笑いをしながら言った。……まあ、言っている英語を正確に聞き取れた訳では無いが、おかしな事にこんな時の意味は何となく通じるものである。

「ノーサンキュー」

私達はてんでに言いながら、便所の外に出て大きな息を吐いた。

その後、艦内を彼方此方と案内されて、最後に艦橋から眼下に広がる飛行甲板をながめてその広さに感心し、水兵さんに勧められるままに、交代で艦長の椅子に座らせてもらい感激していると、いつの間にか正午に近くなってしまった。

これで見学も終わりかと思っていると、まだついて来いと水兵さんは言った。来た時も分からなかったが、帰り道も又全く分からないのである。我々は素直に従う事にした。何度も細い急な

ラッタル（艦内の階段）を降りて、灰色の通路を右に左に曲がりながら、連れて行かれた先はナント！　食堂であった。私達四人が入り口で戸惑っていると、案内の水兵さんは、ピカピカに磨かれたステンレス製のお盆と食器が一緒になった様な物を手渡してくれ、厨房の中の炊事兵に何やら告げた。よくアメリカ映画に出てくる様な、でっぷりと太ったチーフらしき炊事兵は、にこやかに私達に向かって、

「Please」

と大きなジェスチャーを交えて言った。どうやら昼食をご馳走してくれる様だ。私達はおずおずと米兵達の列に混じり、カウンター上の驚く程豊富な種類のビッフェ方式の料理をながめた。米兵達は皆白人で好意的であった。まだ人種差別が強くあったのであろうか、ここには黒人兵の姿は一人も見えなかった。

テーブルについて食べ始めようとしたら、隣の席の米兵が突然私に話しかけてきた。君達は陸軍か海軍か？　と訊ねている様である。

「Oh ……! Army …… えーと、We are Army …… えー、あー、Youth technical school student」

私はしどろもどろになって答えた。正直なところ私は英語が苦手であった。だが米兵はまだ何か聞きたい様子である。折角美味しそうな食事を前にこれ以上話かけられては困る。もう私は、英語の勉強なんかこの際どうでも良いと思い、

「Sorry. I can not speak English …… understand. OK?」

と言って一生懸命食事に専念した。流石に米軍第一線の航空母艦の食事である。料理はどれも

豪華で、デザートらしき物まであり、大変美味しかった。

フト、日頃食べている生徒隊での食事が脳裏を過ぎった。小さなへこみ疵だらけの、アルマイト製のお盆に食器、盛り切りのねっとりとした一膳飯と澄まし汁と間違ってしまう程の薄い具の少ない味噌汁。お世辞にも美味しいとは言い難かった。カレーライスの肉には時々毛が生えていた。

育ち盛りの我々生徒には、加給食と称して、テトラパック入りのミルクか、石鹸の様なチーズの一片が付いたが、米軍の食事に比べれば余りにも違い過ぎた。

「すっげえな米軍は、何でも取り放題食べ放題で、食券なんか無いで」

K生徒が盛んにナイフとホークを動かしながら声を落として言った。

当時の生徒隊食堂入り口には風呂屋の番台の様な物が有り、そこに糧食班の隊員が座り、二度喰いの不正が無い様に、生徒や隊員各自が持っている食券にスタンプを押すのである。二度も食べたくなる様なメシか、と腹も立った。しかし、それが当時の貧乏陸上自衛隊の、とりわけ生徒隊の食事の現実であった。

私達の生きた英語の勉強会は、図らずもアメリカ海軍の親切な水兵さんのお陰で、豪華なランチ付きとなり、四人はそれぞれ丁重なお礼をのべて（と言っても、サンキューを連発しただけだが……）ベースキャンプを気分良く後にした。

夕方帰隊すると、折しも夕食の時間で、軽快な食事のラッパが鳴り響いていた。

「パンパカパンパン、パンパンパンパンパン、パーンカパンパンパン――後略」

パンパカパンパンパカの字面《じづら》だけでは何とも分りにくいが、このラッパの意味を翻訳すると、

「進駐軍の食事は、菜っぱにコロッケー、自衛隊の食事は菜っぱだけえ」

となるのだそうだ。

不寝番服務中異状無し

営内生活は様々な役目や当直又は作業員等が割り当てられて、そちらの方もなかなか多忙であった。

例えば、当直生徒は一週間毎の交代で整備当直と呼ばれる副当直生徒と二人で、起床から就寝迄、四〇名の区隊員の日常を掌握し指揮する。区隊員とこれまた当番制の班長は、原則としてこれに全面的に従わなければならない。

それ故、当直生徒は少しの特権を与えられた、区隊の生徒指揮官と言っても過言ではなかった。

この当直生徒に上番すると、普段は大人しい生徒が、途端に権柄尽くになり威張りちらしたり、何時もだらけていて当直生徒に文句や不平ばかり言っている者が、いざ自分が上番するや、そのわずかな特権を振りかざして随分と我が儘勝手になる者、又、点呼や課業時の開始終了の報告になると過度に緊張して言葉に詰まったり、吃音がひどくなる者等々、それぞれの人間性が良く現れて興味深くもあった。

少し変わった作業当番に、通称ＫＰと呼ばれるものがあった。ＫＰは米兵達のスラングで、Kitchen Police と言われる食事作業員の事である。この様な呼び方は他に、酒保＝Post Exchange を米兵達が略してＰＸと呼んだところから、当時の自衛隊も売店をＰＸと呼び、我々もそれに倣っていた。

生徒隊の食事は駐屯地業務隊糧食班の隊員が担当し、大きな蒸気釜で飯を炊き副食を作っていたが、人手が足らなかったのであろうか、生徒達数人が当番でその手助けをした。起床時間前に不寝番に起こされて食堂に行き、糧食班の陸曹の指揮下に入り、食事の準備と食器洗い掃除が我々生徒ＫＰ作業員の主な仕事であった。

「諸君、生徒隊名物ブタまたぎにはもう慣れたかね」

入隊後暫くして、日本史授業の冒頭で、文官の教官が口元にシニカルな笑みを浮かべながら言われた。

私は田舎の貧乏家庭育ちの為、美味い御馳走等そんなに食べた事が無かったが、確かに初めは、生徒隊の食事は随分不味いと思い度々残した記憶がある。私に限らず新入生には総じて悪評であった。だが訓練や授業が本格化し始めると空腹感が勝り、ブタがまたごうが、イヌネコがまたいで通ろうが、不味い等と贅沢は言っていられなくなってきた。

ＫＰは、起床が少し早い事さえ気にしなければ気楽なもので、点呼やその後の体操や駆け足、真冬の寒風の中での乾布摩擦等は当然免除になり、何よりも出来たてホカホカの食事の、それも美味そうな所を好きなだけ食べる事ができた。そんな訳で、食べ盛りの少年達にはこの作業員だけは評判が良かった。

一方評判の悪い当番勤務の代表格に、不寝番があった。不寝番とは、消灯の二二時から起床の六時迄の八時間を、一時間毎に八直に分けて、二人一組で中隊の寝ずの番をするのである。立哨と動哨を二人で三〇分毎に交代し、立哨は中隊の中央にある武器庫近くに立ち、不審者の侵入を警戒する。

時々当直幹部や当直司令が見回りに来たりするが、異状が無ければ、

「第一中隊、第〇直不寝番、服務中異状無し」

と報告し、その時運が悪ければ、服務規則や合い言葉等を次々に質問され眠気が吹き飛んでしまう事も有った。

一方動哨は、各区隊の居室や二階の教場の見回りを行う。脱衾している者には毛布を掛けてやり、夏の暑い夜、個人用蚊帳の中で、素っ裸で男性自身を屹立させて寝ている者には、持っている懐中電灯で蚊帳越しに小突いてやる。そして、所定のベットにきちんと寝ているか、不審な者、或いは、ベットを長時間空けている者はいないか等を注意しながら、睡眠の妨げにならない様に静かに回る。

入隊当初の一回目の勤務は、二年生が補助に付き要領を教え込まれるのであるが、二階の教場の見回りの時、代々先輩から申し送られた怪談が披露される。

曰わく、旧海軍の水兵が血みどろの制裁を受け、それを苦に自殺したのが便所のあの場所だ。雨がシトシト降る夜等は、時々あそこで苦しそうなうめき声が聞こえてくる。

又曰わく、進駐軍の米兵が精神に異常をきたし、拳銃を乱射して数人を殺し、自分も拳銃をくわえて自殺した。あの教場の廊下の隅には良く見ると、その時に飛び散った血や脳漿の痕が今もまだ微かに残っている。一人で動哨していると、ヒタヒタとそれらの霊が後ろから着いて来る事がある、等々である。

（たしかに不寝番の時に履く、営内靴と呼ばれるビニール製のスリッパで無人の廊下を歩くと、後ろから誰かがついて来る様に聞こえるものだ）

そして、誰かが作ったこの怪談を更に脚色して、又次の新入生に披露して行くのである。

この様な怪談を聞いた後、初めて真夜中に、静かに歩いてもミシミシギイギイと鳴る古い無人の二階を動哨すると、流石に気持ちの良いものではなかった。

だが不寝番も慣れてくると次第に退屈になってきて、それを紛らす為に様々な悪戯を始めた。

普段使用しない衣服の収納保管の為に、各自ナフタリンが支給されていた。このナフタリン一、二個と、ＰＸで購入して誰でも持っていた正露丸二、三粒をちり紙に包み、これを少し揉んで、寝ている同期生の枕元に置くのである。いやあ、実にもう、何とも言えぬ嫌な臭いがして悪夢を見る。

又、ベットのアングルに脱いだ作業服を畳んで掛けてあるのだが、その袖やズボンの裾の片方を結んで置くと起床時に大慌てする。

その他、各自が持っている洗濯ひもで寝ている胸の辺りを一箇所ベットに縛り付けておく。これも又起床時に大慌てして、

「うわーっ、起きられねえ、誰だこんな事したのは。あークソッ、オイ頼む、早くひもをほどいてくれー」

と騒ぎ立て、ベット親友や近くの者が笑いを噛みしめながら外すことになる。

私がマジックペンで鼻の下にちょび髭を書いてやった同期生は、朝食時に他の者から指摘されるまで気が付かなかった。

悪戯はそれぞれが考えつき、余りエスカレートしない程度に行うのであるが、これは仲の良い者同士に限るのである。不仲な者や狭量な者にやると、思わぬ遺恨を残す事になるので絶対に慎まなければならなかった。

悪戯をすれば当然報復はある。しかしその報復合戦は、いわば仲の良い者同士のじゃれ合いで有り、ささやかな息抜きでもあった。

通常は二二時が消灯であるが、例外があった。中間試験と期末試験の前は、教場に限り消灯後一～二時間の使用許可が下り、これを延灯《えんとう》と言った。

一学期の後半になると、鬼千匹の小姑的な指導生徒もいなくなり、課業後は少しの余裕もでてきた。そこで私は、自習後の清掃が終わると、試験前であろうとなかろうとサッサとベットにもぐり込み、消灯ラッパが鳴り終わらぬ内に眠りに落ちた。勉強嫌いで怠け者の私は、どうせ延灯

許可が下りて教科書を広げたとしても、すぐ眠くなるだろうから延燈するだけ無駄と思っていたからだ。

殊に私は、何時でも何処でも眠くなればすぐ寝てしまう悪い癖があった。その癖は歳を経てからも変わらず、横になれば当然すぐ眠くなり、立っていても眠くなる事がある程だ。当時から、私は勝手にナルコレプシーではないかと思っていた。つまりこれは、所構わず急に眠ってしまう歴とした病気である。病気となればこれは致し方なき事で、現在まで「俺は病弱だから」と言いつつも元気に暮らしてきた。

さて不寝番であるが、この試験前の延灯時間中に上番すると、ほとんどの者が試験勉強に勤しんでいるのを見ながらの勤務となる。そうなると、流石の私も心穏やかではなかったが、何しろ病弱だから仕方がない。勤務が終わるとさっさとベットに入った。

東京都出身の菊池生徒や島根県出身の木村生徒がいつも私の仲間であった。

二四時を過ぎると、通常通り常夜灯を除き隊舎の全ての灯りが落とされる。これから不寝番に上番する者は少々ややこしくなる。ベットに不在の者が多くなるのである。大抵は、常夜灯の点いている便所の個室に何人かで入り勉強しているが、そこにあぶれる者がいる。すると、階段下の掃除用具置き場で微かに音がした。

一応規則通り『誰何《すいか》』（声をかけて、だれかと名を問いただす）をする。

「誰か、……誰か、……誰か」

中でゴソゴソと物音がして、

「シーッ、静かにしてくれ」

ドアの隙間から他の区隊の生徒が顔を見せた。

「何だ、お前等か。勉強ご苦労さん。合言葉を言え」

「バカ、冗談はよせ」

バケツやモップと共に、それらの饐えた臭いが染み込んだ、狭くて汚い空間で、数本の懐中電灯を束ねた光で二人が勉強をしていた。

又、居室の彼方此方では、ベットの中で毛布を頭からスッポリかぶり、懐中電灯一本のわずかな明かりで勉強をしている者もいた。

「おい、明かりが漏れているぞ」

これも不寝番の仕事であった。


一年生の時、二回払暁に非常点呼が掛かった。二回共ベットに長時間の不在者があった為の確認の点呼で、その結果不在者は脱柵と判明した。脱柵とは、無断で駐屯地の外柵を越えて外に出てしまう事だ。つまり、脱走である。監禁されている訳ではないので、脱柵する程の度胸があるなら、区隊長か助教、又は親しい同期生に相談すればよかろうにと思うのだが、それが出来ない性分だったのであろう。

不寝番はベットに不在の者があれば、次の直に申し送り、さらに何直か後に、まだその生徒がベットに戻っていない事を確認すると、当直陸曹か当直幹部に報告をする。そこでさらに不在が確認されると非常点呼が掛かる事になる。

脱柵者は大抵柵の内側で、密かに持ち込んだ私服に着替え、脱いだ作業服をキチンと畳み半長靴を揃えて置いてある様だ。そして一週間程すると、何処かで警務隊に保護されて連れ戻され、依願退職というかたちで営門を後にした。

不寝番は、寝入り端を起こされる二直か三直、又は起床の二時間前に起こされる七直が最悪で、当直生徒はその割り振りに頭を悩ませた。

前期課程の二年間不寝番勤務は続いた。

赤痢発生

教場の黒板の左隅に、小さく書かれた数字がいよいよ三〇を切った。生徒の誰もが待ち焦がれている夏休み迄へのカウントダウンである。何時頃から書かれ始めたのか記憶に無いが、誰かが書き出してから、それは途絶える事無く続いていた。毎朝誰かが書き換えたその数字を眺めると、望郷の念が日一日と募った。

入隊して三ヶ月、時間に追いまくられた分だけ、あっと言う間に月日は過ぎた様に思えるが、反面、恋しい夏休みを思うと、遅々とした星霜の流れに苛立ちに似た感情を覚える事もあった。月半ばに支給される四回目の俸給を頂き、その間、期末試験を経て十日程の富士野営訓練が終われば、夏休みはもう指呼の間の様に思えた。

自衛隊生徒の一学年と二学年の半年間は自衛官の最下級である。故に、昭和三八年～三九年当時、私達は月額九五〇〇円程の俸給を頂いていた。これは、大学新卒の公務員一般職の初任給が一万七〇〇〇円程度の頃で、一五、六歳の少年達には過分な額であった。郷里に仕送りをしている者も多数いた様で、私自身も熊本の母と世話になった静岡の祖父母に、俸給の約半分をそれぞれ割いて送っていた。それでも世間の高校生達の小遣いに比べれば贅沢な位であった。

小遣いに事欠かない私達は、夏休みや冬休みの待ち遠しさもさることながら、一週間に一度の外出も大変待ち遠しく思ったものだ。外出しても未成年の為、酒場で遊ぶ訳でも無く、ましてや賭け事や女遊びをする訳でも無い。精々映画を観て安食堂で食事をして、本を買い、近くの景勝地や街を散策するだけの事である。しかし、社会から閉鎖された空間で日常を暮らしている生徒にとっては、外の世界は又格別なものであった。

昨今と異なり当時の土曜日は午後半休で、生徒の外出は土曜日の午後と日曜日に、区隊の半数ごとに振り分けられて許可された。

全員同時に外出出来ない訳は、自衛官である以上、休日といえども何が起こるか分らない。その為に備え、部隊を完全に留守にするわけにはいかない、という建てまえからである。

外出前には制服制帽着用の上、当直陸曹の厳しい点検が行われた。制服やYシャツは清潔でキチンとプレスがきいているか、靴はピカピカに磨いてあるか、清潔なハンカチやちり紙を持っているか、頭髪や髭は伸びていないか、爪は切ってあるか、自衛官手帳、身分証明書は所持しているか、等々実に細々《こまごま》と点検される。時にはパンツまで点検された。

自衛隊では制服制帽から肌着靴下迄、身に着ける物のほとんどが支給される。だが、唯一パンツだけは例外で、これはだけは自分で買わなければならなかった。稀にパンツを穿かず褌を締めて粋がっている奴もいた。

ある日私は、勝負パンツを気取った訳ではないが、薄い水色のブリーフをはいて外出点検にのぞみ、点検に引っかかってしまった。ブリーフは洗濯した清潔なものであったが、武人たる者は何時如何なる事が起こるやも知れない。その時恥にならぬ様に下着は真っ白なものが望ましい、という訳である。当直陸曹の指摘を受けた私は、仕方なく居室に戻り、洗濯済みの白いブリーフにはき替え再び点検を受けてようやく外出許可が下りた。

勿論、外出中は制服を乱《みだ》すことなく過ごさなければならないし、その堅苦しさは免れない。又、防諜上、隊務で知りえた秘密は、自衛官である以上秘守義務が有り、見知らぬ外部の人間にべらべらと話してはいけない。もっとも、秘密など知る立場ではなかったがこれも訓練の一部であった。


余談であるが、以前あるインタビュアーが、町で出会った防衛大学生は質問に良く答えてくれたが、少年工科学校生は全く答えてくれなかった、と言っていたことがあった。これは当然である。防衛大学生は自衛官ではなく、少年工科学校生は自衛官だからだ。


そんなこんなで、一年生の当初は外出も心から楽しめないところがあった。それでもやはり、我々が娑婆と称していた外の自由な空気は又格別であった。

だがその楽しく自由な空気を吸った反動は、帰隊時間が近づくにつれ鬱々とした感情となって人の様な足取りで歩いた。

生徒を襲い、駐屯地近くのバス停から営門迄のわずかな距離を、まるで重い足枷をはめられた囚人の様な足取りで歩いた。

夏休みは八月の始めから二十日間で、これは年間の有給休暇が当てられたものである。

六月半ば頃からは、カウントダウンの数字を眺める生徒達の郷愁は日増しに募り、七月に入るとそれはピークを迎えた。そんな時であった、

「おーい、大変だ。赤痢が発生した。急遽全員の検便を行うそうだ」

課業終了時の命令受領の為、区隊長室に行っていた当直生徒が帰ってきて叫んだ。

赤痢は隣の第二中隊から発生して、食堂は即刻閉鎖され、その日の夕食を含め翌日からの三食は非常用の携行糧食となった。

来る日も来る日も同じ様なうんざりする食事が続いた。それが一週間以上も続くと、ブタまたぎでも何でもいいから、兎に角、温かな湯気の出ている食事がしたいと渇望する様になった。

携行糧食は、缶詰の鳥飯又は赤飯、それに粉末の味噌汁。或いは、乾パンにチューブ入りのジャムと小さな練乳の缶詰といったものが主流で、どれも食べ物と言うより単に腹を満たすだけの道具でしかなかった。

隊舎全体が消毒されて、希釈されたクレゾール石鹸液の入った洗面器が各所に配置され、終日消毒臭が漂う中での生活になった。

時々中隊事務室前に、衝立と白いカーテンで仕切られた検便所が設けられ、何度かの検便が行

われた。大袈裟に言えば、それは人間の尊厳を全く無視した屈辱的なものであった。

M検と呼ばれる検査がある。昔は兵隊検査の時行われていた様だが、当時の自衛隊も、入隊時と在職中の定期身体検査時には必ず行われたものだ。これは、医務官が、裸になった隊員の男性自身をゴム手袋をした手でつかみ、時にはしごき、時には不潔な者がいると、

「手入れが悪いな、銃の手入れは常々怠るな」

と指で弾いたりするのである。つかんだり、しごいたりするのは淋病をしらべる為である。その後、今度は無防備な、赤ん坊の時に親にしか見せたことが無い裸の尻を医務官の面前にさらして、尻の穴まで見られてしまうのである。集団生活を行う上において、衛生上仕方がないと言ってしまえばそれまでであるが、何とかならないものかと思ったのは私だけではあるまい。

検便もM検時と同じ要領であった。医務官の前で裸の尻を出し、やや前方に両手をつき四つん這いになり、そして少し口を開けろと言われてその通りにすると、すかさずガラス棒の様な物で尻の穴をぶすりとやられる。実に屈辱極まりないのである。小学生の時、マッチ箱に入れて学校に持っていった検便が懐かしく思えた。

ともあれ、赤痢は第二中隊の一部で発生したのみで、幸いにも他の中隊にまでは及ばなかった。私の所属した第一中隊の隊舎は、第二中隊の隊舎と共に中庭を隔てて海岸側に二棟並んでいたが、赤痢の発生した第二中隊の隊舎の周りは、急遽荒縄が張られて隔離状態となった。そして第二中隊の全生徒は、赤白のリバーシブルになっている体操帽を赤色にしてかぶり、張られた荒縄から一歩も外に出る事は叶わず、自由に往来する私達を羨ましそうに眺めていた。

第二中隊は第一中隊に比べれば、隊舎内の清掃は驚く程行き届き、整理整頓も素晴らしく、士気も旺盛で規律もより厳正であった。……と言っても決して我が第一中隊がだらしがなかった訳ではない。これは強いて言えば中隊の気風の違いに他ならない。それは取りも直さず、中隊長の性格からきた教育方針の相違であろう。

生徒隊の中隊長クラス以上は旧軍出身者がほとんどであった。第一中隊長は古参の一等陸尉で、我々生徒の父親位の年格好にみえた。眼鏡をかけた温厚な風貌と、無骨だがやさしそうな物腰、やや猫背気味の佇まいは、自衛官と言うより、田舎の小学校の校長先生を連想させる様な人であった。中隊長は私達生徒にも気さくに声をかけてくれたりした。従って自ずと中隊は厳しい中にも比較的自由な気風が漂っていた。

一方第二中隊長は、風貌や言動からまさに軍人そのものと言った感じの人で、実際にも非常に厳格であった様だ。

その所為かどうか、様々な中隊対抗戦では、第一中隊は大抵第二中隊に遅れを取った。

「クソッ、又負けたぞ。しかし、二中の奴らも辛いよな、俺達に負けたら後で散々絞られるって言うぜ。負けるのは口惜しいが、俺達は一中で良かったよなあ」

負け惜しみ半分に、私達第一中隊員はそんなことを言い合った。

赤痢が長引くと食事の他にも様々な問題が生じてきた。まず訓練は防疫の為ほとんどが中止となり、授業は隊長達の退屈な精神訓話が多くなった。当然外出も出来ない。夏休み前に行われる予定だった富士野営訓練も中止になった。そして肝腎の生徒全員が待ち焦がれている夏休みも、危うい状況になってきた。

「二中の奴らがたるんでるから赤痢になんかなったんだ。このまま夏休みが無くなったら怨んでやるぞ」

そんな怨嗟の声も聞こえてきたがどうにもならなかった。

鬱々とした日々が続き、夏休みの期日迄一週間程に迫った某日、突然赤痢騒動は終焉した。待ち焦がれた夏休みは予定通りの日程で実施される事になり、生徒達を欣喜雀躍させた。

この頃の私は、散髪は区隊備え付けの手動式バリカンで、同期生に五厘の短さでくりくりの丸刈りにしてもらっていたのだが、この時ばかりはＰＸの床屋さんに行き、裾だけ少し刈り揃えてもらいささやかなお洒落をした。

そして真っ白なブリーフを二枚購入した。

木は森に隠せ

楽しかった二十日間の夏休みもあっけなく終わった。

故郷の思い出に後ろ髪を引かれながら、重い足取りで帰隊した昭和三八年八月下旬、陸上自衛隊生徒教育隊は生徒制度発足以来九年五ヶ月をもって、明朗闊達・質実剛健・科学精神を校風にして、陸上自衛隊少年工科学校に改編された。

だが我々第九期生までは教育課程や組織の変更は殆ど無く、制服が生徒隊独自の物に替わるとの噂もあり、私達は期待に胸をふくらませたがそれも無かった（後年それは実現した）。

唯一変わったのは、中隊という呼称が教育隊になったのみであった。例えばこうである。私の所属は生徒教育隊第一中隊第四区隊であったが、改編後は少年工科学校第一教育隊第四区隊になったのである。

しかし、少年工科学校は、世界の軍事関連の学校としては他に類を見ない珍しい教育機関として、国内外各方面から見学者が急増して、何やら慌ただしい二学期を迎えた。ＮＨＫテレビ「日本の素顔」というドキュメンタリー番組にも取りあげられ、学校長の命令一下、生徒職員一丸となってテレビクルーに協力する事になった。

だが、余り映りもしない起床動作や点呼時の集合解散等々、何度も同じ事を繰り返さなければならないカメラテストには、私のみならず、多くの生徒は多分に倦厭してしまった。そしてその反発も有った訳だが、その放映を観た感想文の提出を学校長から求められた時、私はかなりへそ曲がりな事を書いた。

学校長は旧陸軍士官学校出身で、生徒教育隊が学校に改編と同時に、初代校長として陸将補に昇進した。長く一等陸佐を務めた功労で定年の数年前に将官に昇進する事を、私達は営門将補と呼んでいたが、この学校長がそれであった。

短躯の肥満した身体で、胸をそらせ、両手を左右に大きく振りながら歩く学校長の姿は何となくユーモラスで、陸将補になって更にその仕種は大きくなった。

時々校内を歩いている校長に私達が敬礼すると、恵比寿様の様なふくよかな笑顔で、

「ヤッ、ご苦労さん！」

と、気合を込めて答礼してくれた。

だが営門将補とは言え将軍である、ゼネラルである。佐官と将官では大きな差があった。一例をあげると、普段の乗り物が違った。佐官以下はジープだが、将官になると旧式だが黒塗りのセダンになる。バンパーには陸将補を示す大きな桜が二つ付いた。そして何よりも、必ず栄誉礼が

付いてまわった。

後日、学校朝礼で、生徒隊ブラスバンドが演奏するなか、栄誉礼を得意満面で受けた学校長は、テレビ放映について、そしてその感想文についての意見を上機嫌で訓辞しながらこんな事を言い出した。

「――ええ、先般、生徒諸君に提出してもらった感想文だが、学校長は丹念に読ませてもらった。概ね良好な意見が多かった。学校長もあのテレビはなかなか良かったと思っておる。ええ、しかし中には、生徒の大半が、片田舎の、それも貧乏な家庭の出身者が多い様な印象を持たせる内容は不愉快だ、というへそ曲がりな事を書いた生徒もいた」

区隊の一番前で、両手を後ろに腰高に組み、両足を左右に軽く開いた整列休めの姿勢で、ボンヤリ学校長の訓辞を聞いていた私は驚愕した。

（ナ、ナニッ、そ、そのへそ曲がりは、もしかして……！）

一瞬私の全身の血液が逆流し、顔面がカッと熱を帯びるのを感じた。しかし、生徒は約一〇〇〇名もいるのである。その中には同じ様な事を書いた者も何人かはいるはずだ。私はそう思い返す事で何とか平静を装った。

又学校への改編の所為か以前にも増して検査や検閲が多くなった。貸与された衣服や武器装備の員数や整備状態が度々点検され、数少ない私物の検査迄行われた。

身につける物はパンツを除き夏冬それぞれが全て支給されることは既に書いた。その内容は、制服制帽、戦闘服を兼ねる作業服と作業帽、体操着、長袖と半袖の肌着、股引とステテコ、靴下、半長靴、短靴、運動靴、営内靴等である。営内靴とはビニール製のサンダルの事である。

武器類は、口径三〇M1ガーランドライフル銃一丁、銃剣、弾帯、中帽とその上にかぶる鉄帽、携帯トレンチショベル、飯盒、水筒、個人用天幕と支柱、背嚢となる。

話しに聞く、旧陸軍の新兵や、現代の新隊員の員数合わせ程の事は無いが、生徒隊でも外の物干場（旧軍同様〝ぶっかんば〟と言う）に作業帽や靴下等の小物を干しておくと、希に員数をつけられる事があった。つまり盗まれるのである。それ故大方の生徒はそれらを室内に干すのが常であった。

この員数合わせのエピソードは、学校や教育部隊に限らず一般の実施部隊でも多々あった様である。

自衛隊の駐屯地や基地の多くは、戦後進駐軍が使用していた経緯がある。その関係から、当時の隊舎の設備は米軍仕様になっている所が随所に見られた。生徒隊の隊舎も同様で、全室に取り付けられていたスチームの残骸や、洗面所、便所がその主なものであった。

中でも、北海道の陸上自衛隊の一部の部隊では、ドアや間仕切りがほんの目隠し程度の簡易な便所がまだ有り、用を足している者の頭と足が外から見えたと言う。そしてその様な部隊では、便所に入ったなら絶対に帽子を脱いで用を足せという古参隊員の教えがあったそうである。

それを忘れた新隊員が帽子をかぶったままのんびりと用を足していると、外からヒョイと員数をつけられてしまい、追い掛けようにも追い掛けられない悲劇？　が生じたという話もあり、新隊員や一般隊員の員数合わせはかなり切実なものであった様だ。

我々生徒も、何かが足らないとなると切実な問題には違いなかったが、助教や補給係陸曹に報告して少し小言を喰えばほぼ解決した。

面倒なのは武器であった。その中でも銃そのものを紛失する事は論外であるが、希に紛失してしまうのが叉銃鐶《さじゅうかん》であった。叉銃鐶とは、訓練の休憩時などに三〜四丁の銃を組み合わせ立てて置く為の、銃口近くに付いている、Cの字を左右から押しつぶした様な形をした小さな金具である。

某日、戦闘訓練中にこの金具を落としてしまった生徒がいた。訓練終了後の銃点検でそれが判明し、私達は全員で演習場の草むらを這い回り探す羽目になった。だが、その時は幸いにもすぐ見つかったから良かったものの、見つからなければ何時まででも探さなければならなかった。

各自のベットの下に、顔が写る位にピカピカに磨かれた靴類と共に、フットロッカーと呼ばれる高さ約一五㎝縦横五〇㎝程の鍵のかかる木箱が置いてあった。これが当時唯一の私物入れで、この中に現金や貴重品、わずかな日用品と教科書以外の書物等を入れて、各自施錠してあった。

だが、隊内は元々プライバシー等存在しない生活空間である、この中も時々点検の対象となった。そして、こっそり持ち込んでフットロッカーに入れたままうっかり隠し忘れたヌードグラビアやエロ本が見つかり、頭を掻きながら没収される者もいた。

眠くて眠くてたまらない、ある午後の授業時間の事であった。

「諸君、今日は大分眠いようだな。昨夜非常呼集でもかかったかな。よーし、今から目を覚ましてやる。全員注目」

物理の文官教官が真面目腐った顔で、教壇の上から男性誌のヌードグラビアを広げて見せた。

「これは先刻、第二教育隊（第二中隊）の某生徒の本箱から没収してきた物だ。どうだなかなか刺激的だろ。良く見たか、……うん、よーし。みんな目が覚めたようだな。では授業を再開する」

これには我々もすっかり驚いてしまった。

第二教育隊の某生徒は、没収されたヌードグラビアが付いた男性誌を、フットロッカーを避けて教場の自分の机の横にある、本来は教科書と参考書以外は入れてはいけない本箱に隠していた様だ。

木を隠すには森へ隠せ、と言う。なかなかその着眼は良し、と私は思った。だが余り異体な木は森の中でも目立つものだ。

自衛官の本領

電子・電気・機械・応用化学・土木測量等の専門基礎学の教官は全て制服組であったが、一般基礎学は数人の制服組教官を除き、防衛庁教官の肩書きを持った文官の教官がほとんどであった。文官の担当教官は各区隊に一人付き、私の一年生の時の担当教官は、極めて型破りな保健体育のS教官で、開口一番、

「教科書は各自適当に読んでおけ。後は俺の話を良く聞いておけ。そして、外出先でいざ鎌倉となった場合は必ず鉄兜を忘れるな」

と我々の度肝を抜き、教科書は一切使わず、勉強以外の実学的な面白い話を色々してくれた。だが、いざ試験となると問題はキッチリ教科書から出て我々を慌てさせた。

二年生の時の担当教官は国語古典のK教官。山梨県の神官の家に生まれたという事で、教科書を朗読される時の教官の甲高い大声は、まるで祝詞《のりと》を読まれる様に朗々と教場内外に響き、なかなか印象深い授業であった。

又この教官は、土日以外は外出出来ずに外の空気に飢えていた我々を引率して、隊外授業と称して近くの荒崎海岸まで、作業服のまま息抜きに連れ出してくれた事もあった。

総じて文官教官には一癖も二癖もある個性豊かな方が多かった。そして男所帯の生徒隊にも女性教官が二人着任されていた。

ある日、生物の若い女性教官の授業が嬉しくて、ついはしゃぎ過ぎた某生徒が、

「教官、お願いがあります。私達が今一番学びたい事は雄しべと雌しべの関係です。今日はそこのところを詳しくお願いします」

とやってしまった。授業後その事が区隊長に伝わり雷が落ちた。

「お前達は教官を何と心得る。女性ということでなめているのか。教官に男も女もない、教官は教官だ、女性教官を甘くみるその根性が情け無い。只今より連帯責任として営庭を一〇周駆け足を命ずる。かかれっ」

昼食時間、区隊全員で隊伍を組み、空きっ腹をかかえ汗だくで駆け足をする破目になってしまった。

だが、はしゃぎすぎた某生徒への批難や糾弾は区隊の中では全く起こらなかった。皆が少なからずはしゃいだ気持ちでいたからであろう。

当時の生徒隊の中隊長（学校に改編後は教育隊長）以上は、ほとんどが旧軍出身者の三等陸佐かベテランの一等陸尉であったが、区隊長は二〇代後半から三〇代の若い一等陸尉及び二等陸尉

であった。

私の一年生の時の区隊長は東京都出身の田中國穂二等陸尉（この年の秋、一等陸尉に昇進された）で、

「俺は、人からよくアランドロンに似ていると言われる」

と自己紹介の時に我々を笑わせた、サッカー部やラクビー部を指導する明治大学出身のスポーツマンでもあった。

まあ、確かに見方によっては、当時有名なフランスの二枚目俳優に似ていなくもない。だがその細かい論評はここでは差し控える事として、厳しさの中に人情味豊かで、ユーモアに富んだ大変良い区隊長であった。

私はこの区隊長に散々我儘を言いお世話になった。

一般及び専門基礎学以外の課目は、生徒隊課目と呼ばれ、区隊長とその補助をする助教の二人が教育を担当した。従って生徒隊課目は別名区隊長課目とも呼ばれ、自衛隊法、営内服務、体育、戦技・戦闘訓練等がある。

戦技・戦闘訓練には、基礎教練、火器、戦闘訓練、野外勤務、通信、野戦、築城、衛生、地図判読、化学防護、等があった。

基礎教練は主に徒歩教練と執銃教練が有り、前者は不動の姿勢、休め、整列休め、敬礼、部隊行動と言った基本的動作から始まり、後者はそれに小銃を持つ訓練になる。

教練の基本は概ね米軍式で、警察予備隊から保安隊と呼ばれた時代には、号令も米軍式で、

「かしら、右」を「アイーズ、ライト」と掛けたそうである。すると全隊員が不気味にも目玉だけをギョロリと右に動かした等と、嘘か誠か、時々田中区隊長は真面目腐った顔でそんな話をしてくれた。

個々の基礎動作の訓練が終わると、部隊としての集団の行動訓練となり、生徒同士が交代で指揮官を務め、様々な号令で一個班一〇名程の部隊を動かす訓練になる。始めのうちはなかなかこれが難しい。号令を掛けるタイミングを損なうと部隊はとんでもない方向に進んだり、クネクネと曲がったり、はては先頭が道路の側溝に落ちてしまう事もあった。

そしていよいよ執銃訓練が始まる。区隊長から一人ひとりの胸元に、第二次大戦時に米陸軍歩兵が使用していた口径三〇M1ガーランドライフル銃が銃番号を称えながらグイッと手渡される。一度にカートリッジ入りの実弾八発が装填でき、引き金を引きさえすれば弾が出る半自動式小銃である。全長は約一・一m、重量は体格の良いアメリカ人向けに出来ていて、約四・六kgで銃剣を入れれば約五kgであった。

これを担い、行進し、射撃、戦闘訓練をするには一五、六歳の少年達の、特に小柄な者には少々荷が勝ちすぎる様であった。

しかし、訓練は容赦無く進められた。当然それは学年が進むにつれ次第に激しいものとなり、攻撃訓練等は繰り返し何度もやらされると、終いには吐き気がして口から心臓が飛び出してしまいそうな気がしたものである。

銃の分解結合は目をつぶっていても素早く出来なければならない。そして常々は塵埃すら付かない様に整備を怠ってはならなかった。それはいざという時の自らを守る最低限の事であると学んだ。又、銃はたとえ弾をこめていなくても普段は決して人に向けてはならなかった。

銃の取り扱い整備から執銃訓練が終わると、いよいよ一学年時の射撃訓練が始まった。

椎の実の様に先の尖った実包と呼ばれる実弾に比べて、弾頭が丸く少し短い、火薬量が少ない狭窄弾と呼ばれる訓練用の弾を使用して、五〇m先の標的を狙うのである。狭窄弾とは言え十分殺傷力が有り、その威力は実弾とさして変わりはない。射撃場に入ると緊張はいやが上にも高まる。油断していると思わぬ事故が起こるやもしれない。日頃は暴力的な指導は固く禁じられている自衛隊に於いても、射撃場は例外であった。少しのミスも許されず、ミスを犯しそうな時は指揮棒でヘルメットを思いっきり殴られるか、尻を半長靴で蹴飛ばされた。

銃には、それぞれ少しづつ弾が左右上下いずれかに曲がって飛ぶ癖がある。これを直す為、まず正式な射撃の前に、伏撃《ねう》ちの姿勢で銃を支える左腕を土嚢で固定させ、三発ずつ三回標的を撃ち、照星と照門の調整をするクリック修正という作業を行う。

又、射撃をする者以外はそれぞれの分担された仕事があった。私が弾薬係をしている時の事である。ピカピカに輝く弾薬を並べた作業台の五メートル程先の、赤土で固められて少し高くなっている射座で、第一区隊のクリック修正射撃が始まった。生まれて初めて生で聞く激しい銃声が、頭蓋に響き、耳栓を貫き脳をも揺さ振る様であった。私はその銃声に呑まれた様に作業の手を忘れて見ていた。すると、作業台の前方で射撃姿勢をとっていた一人の生徒の銃からは銃声がしていない事に気づいた。よく見ると土嚢に突っ伏した鉄帽が微かに震えていた。辺り一面硝煙が立ちこめてその臭いが鼻を突いた。

「撃ち方止めー」

の号令が掛かり、一瞬の静寂が訪れ、標的の確認に至っても、その生徒は突っ伏したままである。腰の辺りの赤土が失禁の為不自然な黒いシミを作っていた。助教が静かに近づき、その生徒の背中にそっと手を置き、銃を取りあげて抱え起こした。目は虚ろで精気無く蒼白な顔をしていた。

後日その生徒は依願退職をして郷里に帰って行った。


学年に応じて個人用の小火器は、M1ライフル、M1カービン、通称BAR《ビーエーアール》と呼ばれる小銃と軽機関銃が一緒になったブローニングオートマチックライフル、口径三〇軽機関銃、口径五〇重機関銃、三・五インチロケットランチャー等を修得していった。これらは全てアメリカ軍から供与されたものである。

戦闘訓練は各個の戦技訓練から、集団で行う戦闘訓練へと移っていった。一年生の時赤痢事件で中止になった野営訓練が、二年生の二学期初めに東富士演習場で行われる事になった。その演習中、いつもの様に攻撃方と防御方に別れて戦闘訓練が開始された。私はその日防御方であった。指定された場所に、ひたすら小さなトレンチショベルで穴を掘り、草や木の枝葉で擬装した塹壕の中で攻撃方を待った。空包をつめたM1ライフル銃を抱えて前方を警戒していたが、何時まで経っても一向に攻撃方から攻めて来る気配が無い。

（敵の奴ら、いったい何してやがるんだ、早く攻めてこんか！）

九月末の富士の裾野は、ジッと塹壕の中にしゃがんでいると、ヒンヤリとした土の湿りと微かにそよぎ来る初秋の風が心地よく、少し眠くなってきた。

（ああ、こりゃあまずいな、又、すぐ寝るビョーキが始まった。少し眠気覚ましをしなければ……）

そう思った私は、気分転換の為塹壕から身を乗り出して辺りを見回した。遠くで散発的に銃声が聞こえるが静かである。やはり攻撃方らしい人影はまだ見えない。数メートル離れた隣の塹壕も静かだ。中で居眠りでもしているのか？　そう思うと私は益々眠くなってきた。このまま攻撃方が来なければ、折角貰った空包も使わずに返却しなければならない。銃を撃つと又手入れが大変だが、空包は初めてなので撃ってもみたい。

（よし、眠気覚ましに二、三発撃ってみよう。遠くで銃声が聞こえるから、ここで二、三発撃っても分かりゃあしないだろ）

不埒にも私はそう思い、頭の中で想定した事を小声で口走った。

「敵斥候隊らしきを発見、一一時の方向、五名、距離一五〇メートル、射撃用意」

するとなんだか少し興奮してきて、私は攻撃方が攻めてくると思しき方向に銃を向けて、自分の頭の中で描いた状況に夢中になった。

眠気はもうすっかり吹っ飛んでしまった。

「暗夜《あんや》に霜の降《お》りるがごとし……だな。誰が言ったか知らないがなかなか文学的な表現だ」

引き金を引く要領を呟きながら、私は安全装置をはずして自らに号令をかけた。

「撃ち方始めえ、……撃てっ」

一瞬呼吸を止めて、静かに指先に力を加え引き金を引き絞った。

「バン」

驚く程の音がして銃口の先の熊笹が揺れた。隣の塹壕から同期生の驚いた顔が見えた。夢中で三発撃った時であった。

「おい、そこの生徒」

突然後ろから声が掛かった。いやー、これには吃驚した。

振り向くといつの間に来たのか、査察官の腕章をした生徒隊長（大隊長に相当する）の中西二佐と、その副官の二人が立っていた。

「はいっ」

私は激しく動揺して、その場で不動の姿勢をとりながら、内心（しまった）と思った。

「君は今発砲していたが、敵はどこか？」

中西二佐が言われた。達磨のような濃い太い眉毛の、厳つい古武士の風貌をした中西二佐は、旧陸軍幼年学校を経て士官学校を出た生粋のエリート軍人である。胸に空挺マークも付けていた。

『城の埋草』がモットーで、

『自衛官は決して目立つ必要は無い。黙々として己が与えられた任務を遂行すればそれで良い。

一隅を照らす人間たれ』

が我々生徒に対する教えであった。咄嗟に私は、

「ハイッ、一一時の方向、距離約一五〇メートル、敵斥候らしきを発見、よって発砲しました」

と大胆にも嘘をついてしまった。

「うーん、そうかあ？　俺が先程から見ていた限りでは、君の言う斥候らしき人影は見えなかったがなあ、……まあ良い。弾の無駄使いはいかんぞ。引き続き状況にもどれ」

生徒隊長は口元にかすかな笑みを浮かべて言われた。熱くも無いのに私の全身の汗腺が開き一気に汗が噴き出した。

防御訓練に比べて攻撃訓練は非常に過酷なものであった。各個の戦技動作や戦闘行動の基本が終わると、次は〝班戦闘〟と言われる、旧日本陸軍においては分隊に相当する班長以下一〇名の集団での戦闘訓練が行われる。

戦闘集団では最小単位である〝班〟を、如何に上手く効率的に運用して攻撃するかの訓練で、全ての部隊運用の基本であると教えられた。

「只今からーっ、第〇班の指揮を××生徒がとるーっ、なるべく俺の近くに寄れー、状況を説明するっ。頭を低くして前方を見ろーっ、敵は我が方の前方五〇〇メートル、二時の方向――」

生徒同士が交代しながら指揮官を務め何回でも繰り返し訓練は行われる。攻撃している後ろから区隊長と助教が付いてきて、戦闘行動やその指揮に不備があれば、持っている棒でヘルメット

をコーンと叩かれ、

「戦死！」

と告げられる。

（あっ、ああ戦死か、ハアハアハアハア、いやあ助かった。いや、そうじゃあない、戦死したんだ。でも苦しかった。ハアハアハア、もう少しで口から心臓や肺が飛び出して、本当に死んでしまうところだったぞ、ハアハアハアハアハア）

ヘルメットを焦がす炎天下、或いは、寒風吹きすさび凍てつく様な演習場の土の上に横たわり、荒い息を吐きながら束の間の戦死に一息つく。

だがそれもすぐに蘇生させられて、引き続き戦闘行動に戻らなければならない。早駆けと小移動、様々な段階での匍匐を繰り返しながら、最後は残った力を振り絞って着剣突撃を行うのである。


唐突ではあるが、私の家の宗派は曹洞宗である。ある時期から少しは禅宗の事も知っておこうと、禅にかかわる書物を時々読んでみた。だが禅は私には一向に解らない。近年も再読してみたがますます解らない。

しかし、欧米に禅を紹介し、哲学者であり仏教学者であった鈴木大拙先生の著書『禅百題』（春秋社・昭和三五年発行）の中に次のような記述がある。

〔人間は闘争がないと生きてゆけぬようにできている。実際、闘争そのものが生であり、生そのものが闘争である。それ故、生あるところには必ず闘争があるのである。ここに戦争心理の根拠がある。……中略……、ただ闘争に私念があってはならぬ、「私案」があってはならぬ、「計らい」があってはならぬ。……」

平時の自衛隊では戦死しては生き返り、又戦死しては生き返り、まるで不死身の戦士アキレウスの様になりながら、私念も、私案も、計らい、もない、自衛官の本領を叩きこまれるのである。

ガス！

化学防護訓練はＢＣ兵器に対処する為の訓練である。

ＢＣ兵器のＢＣとは Biological と Chemical の頭文字の事で、生物化学兵器の事である。

現代のこの日本で、このおぞましくも非人道的殺戮兵器を使い、狂信的宗教集団が起こした地下鉄サリン事件は、平和を維持してゆくためには備えが必要であることを痛感させられる大事件であった。あの時、陸上自衛隊の化学科部隊という備えが無かったならば、被害はまだまだ大きくなっていたかもしれない。化学科部隊の私の同期生達又は隊員達は、あの〝実戦〟に危険を顧みず身命を賭した。


初夏某日、古い褐色のカンバス地の頭陀袋の様な物に入ったゴム製の防護マスクが手渡された。もう何年も訓練で使われてきた防護マスクは、数え切れない程の隊員達の涙と唾液、或いは、鼻水鼻汁が付着してきたに違いない。それを思うと、それらをふき取りきれいに消毒はしてあるはずだが、やはり、何となく気持ちが悪くビジュアル的にも不気味である。だが、同じかぶる物でも銃剣術の面に比べればまだましかも知れない、と私は思いながら装着訓練を受けた。

度々話は逸れるが、銃剣術は旧軍から自衛隊に受け継がれた日本独自の格闘術である。剣道の防具とよく似たものをつけて、先端にゴムのたんぽがついた木銃《もくじゅう》と言われる物で、主に相手の左胸を〝突き〟で狙うのである。

初心者で相手に勝つ最も基本的要素は、相手に勝る闘志だと言えよう。従って、小手先の技術よりも、気合い三段と言われ、鋭い大きな気合いと闘志だけで三段になれると揶揄されていた。

しかし、気合いを掛ければ掛ける程、面の内側に可成り多量の唾液が飛び散り汗がしみ込む。面の内側の顎に当たる部分は一般に布地である。始めの内は乾いているのでさほど気にならないが、試合をしていると汗と唾液でネトネトになってくる。その上、面のつけ具合が悪いと次第に面がずり上がり、そのネトネトになった部分が口を塞いでしまう事があり非常に気持ちが悪い。しかしそれを気にしていると負けてしまう。負けるのは口惜しいので、銃剣術の時間は、いやもうそれはやけくそであった。

私は面を外した後盛んに唾を吐いた。皆は案外平気な顔をしていたが、私は、人がかぶった物は何であろうとなるべくは遠慮願いたかった。

そんな思いをしながら、区隊長の教場でのレクチャーと防護マスクの装着訓練が終了すると、今度は実際にガス体験訓練が行われた。何処にいても「ガス」と号令が掛かると、「ガス」と応答し、息を詰めて、素早く袋から取りだした防護マスクの中にフッと息を吹きかけて装着する。何回装着しても装着感は良いとはいえない。皮膚に張り付くゴムの気色の悪さ、少し長い時間着けていると非常に息苦しくなる。

演習場では、円形の大型天幕（テント）が張られた中で催涙ガスが焚かれ、区隊長と助教が防護マスクを装着して待っていた。まず、私達は五人一組で防護マスクを装着せずに中に入らなければならない。防護マスクが入った頭陀袋を肩から斜にかけ、素潜りの要領で大きく吸った息を止めて天幕の中に入ると、少し黄色がかった催涙ガスがモウモウと充満していた。途端に目がチカチカと痛み涙が溢れてきた。思わず目を閉じると、

「目を閉じるなー。整列、一列横隊。よーし、きをつけっ、右えーならえ。なおれ。それでは、右翼の者から出身地並びに官氏名を名乗れ」

区隊長が防護マスクの下からくぐもった声で言った。

「〇〇県出身、陸上自衛隊生徒教育隊、三等陸士、何の誰がし」

みんな一息に、そして早口に申告して又息を止める。そんな姑息さを見越して、全員の申告が終わると、助教がのんびりとした口調で言った。

「あー、みんな早口で何を言っているのかよくわからんな。もう一度始めから、もっと大きな声でゆっくり申告をする。よいか、それでは全員やりなおし」

五人が再度申告し終わる頃には、涙と鼻水と汗で顔中がグショグショである。目と鼻腔と喉の粘膜が焼ける様に痛み、露出している顔や首筋の皮膚がヒリヒリチリチリと痛んだ。

（ううっ、クッ、クッ、苦しい、目が痛い……もうだめ、息が続かない、我慢ができない、限界だ）

誰もがそう思った時、

「ガス！」

ようやく区隊長から号令が掛かった。

「ガ、ガス、ゴホゴホ」

「ガ、ゴホ、ゴホ、ガス」

それぞれが答え、片膝をつきヘルメットを脱ぎ、ゴホゴホと咽せながら、頭陀袋から取り出した防護マスクの中に入ったガスを一息で吹き飛ばし、素早く装着した。そして一度大きく息を吐き、それからゆっくりと呼吸する。その間、涙と鼻水は流れ放題である。もしかしたら、やがて防護マスクの中は自分の体液でいっぱいになり、それで溺死するかもしれないが金輪際外したくないと思う。あれほど、気色が悪いと思っていた防護マスクにも束の間の愛しさを感じる。

「よおし、この組は終了。天幕の外に出てよし。次の組に中に入る様に言え」

外に出て防護マスクを外すと、皆真っ赤な目をして涙が止まらず、皮膚の所々が赤くかぶれた様に痛んだ。しかし、深呼吸して吸い込んだ爽やかな初夏の空気の味は、まさに甘露であった。

やがて区隊全員のガス体験が終わり、隊伍を組んで訓練場を歩いていると、区隊長からいきなり号令が掛かった。

「ガス」

我々も口々に「ガス」と答えながら防護マスクを着けると、

「そのままーっ、駆け足前へっ、進めっ」

これは何とも非情な号令である。

ガスも苦しいがこれが又死ぬ程苦しい。先程は束の間の愛情を感じた防護マスクだが一転して呪わしくなる。

「歩調ーっ、かぞえっ」

「一、二、三、四、一、二、三、四」

酸欠を起こして倒れる者も出た。

それから二、三日は、首筋や顔が所々ウルシにでもかぶれた様に赤く腫れて痛痒い不快感が続いた。

帰隊遅延

生徒達の外出先はほとんどが横須賀の街であった。一度や二度は、城ヶ島や油壺、葉山や逗子迄足を延ばす事もあったが、自衛隊の制服姿では、観光地やヨット遊ぶ湘南の海は少々不釣り合いの感もあったし、制服に対しての嫌悪に似た視線も度々感じたものであった。

又、露骨に「税金泥棒」と罵られたと言って、口惜しそうに帰隊した同期生もいた。そんな時代であった。

その点、昔からの軍港の街である横須賀は、海上自衛隊のセーラー服や、陸上自衛隊の新隊員、防衛大学生、そして我々生徒隊の制服が至る所で見受けられ、街の何処にいてもそれなりの安堵感の様なものがあった。

しかし私は時々一人で、三浦半島尖端の漁港の町、三崎へ出掛けた。三崎には母の末弟である叔父が魚市場で仲買人をやっていたからである。私と叔父は年齢が七つ違いであったので、幼い頃から私はその叔父を「兄ちゃん」と呼んでいた。

油壺入り口のバス停から、少し海の方に歩いた右側の住宅地に独身の叔父の1DKのアパートがあり、私はそこで制服を脱ぎ、背格好が似ている叔父の服に着替えて三崎方面へ遊びに行った。三崎の街は何の変哲も無く、どこと言って面白い所がある訳でも無かったが、母の実家に近い焼津市と同じ遠洋漁業の基地で、港辺りを覆う潮の香りと魚臭、そして船のオイルや塗料の臭いが渾然となった、その何処か懐かしさを感じさせる空気が私を誘《いざな》った。

生徒教育隊から少年工科学校に改編され、二学期から長髪が許可になった。長髪と言っても、規定の髪型は長い所が三㎝以内のスポーツ刈り風で、GIカットをもじったのか、その名もYTSカットといった。YTSはYouth Technical Schoolの略である。

だが、私の頭は鉢が横に広がり後ろが絶壁という、およそスポーツ刈り風の髪型が似合わない形だと思っていたので、いつも規定より少し長めの髪で、一時は同期生からリンゴーキッドと渾名された事もあった。尤も、ビートルズの髪型には遠く及ばないが、規定の三㎝からすれば少し長かったのである。

そんなことで、私は区隊長や助教から再三注意を受けていたにもかかわらず、頑なにYTSカットなる短い髪型にするのを拒んでいた。そして、その少し長めに伸ばした髪を、当時若者に流行だったバイタリス（整髪料）でアイビー風に固めて外出をした。

でもまだ私はマシの方であったかもしれない。二年生にはグリースでテカテカに固めたリーゼントの者もいた。なにかとヘアスタイルが気になる年頃なのである。

入隊して三ヶ月程経った頃の事だが、区隊の中で面白い話を耳にした。梅雨時の小雨混じりの日曜日、まだ一五歳の子供のくせに、まんまとストリップ小屋に入り込んだ二人の同期生達がいたのである。

この年代のニキビ面の冒険者達には、禁断の大人の世界の魅力は又格別であったのだ。二人はその日、雨衣《あまい》（レインコート）を着て横須賀市街へ外出した。小雨混じりの天候の日は、見た目にもスマートなトレンチコートを着るのが常であったが、故有って雨衣であった。

因みに、制服着用時の自衛官はどんな雨天でも傘はささない。トレンチコートは制服同様に濃緑色で、部隊章、階級章、それに生徒の証《あかし》である桜花章が両襟に付いていた。見る人が見れば自衛隊生徒であることは一目瞭然である。だが一方雨衣の方は、ゴワゴワとしたカーキ色の生地で、訓練時にも日常にも使用する実用着そのもので、当時は襟にも袖にも何も付いていなかった。

これを外出時、制服の上から着れば所属も階級も分からなくなるし規則違反にもならなかった。ここに二人は目をつけた。小雨が時々パラつく程度の空模様では、雨衣姿は少し目立ちはしたが、目論見通り首尾良くストリップ小屋に入り込めた。二人並んで最前列に座席を確保して制帽を目深にかぶり、着たままの雨衣の襟に首を埋めてドキドキしながら見ていると、

「おい、こらあ、前の自衛隊の二人、帽子をとれっ、見えねえじゃあねえかあっ」

いきなり後ろから大声で怒鳴られてしまった。仕方なく二人は帽子を脱ぎ、更に首を雨衣に埋

めた。まだ長髪許可前のいがぐり頭の童顔を曝した所為で落ち着きを無くして見ていると、程なくして、誰かが低い姿勢でやって来て、すぐ横にスッとしゃがんだ。すると、その者がいきなり片方の生徒の雨衣の襟を掴んで広げた。

「……やっぱりお前達は生徒だな、すぐ外にでろ」

咄嗟の事であったが、すぐ巡察の腕章をつけた三等陸曹である事が分かった。どうやら襟の桜花章を確認しに来た様だった。

巡察とは、外出中の隊員達の行動を見回る一種の当直で、若手の陸曹か古参の陸士長が主にその任に着き、繁華街や立ち入り禁止区域を中心に監視の目を光らせていた。

私はこの巡察に捕まってしまった二人の内、熊本県出身のT生徒を良く知っていたが、色やや浅黒くキリッとした顔立ちの、頭脳明晰にして明朗な好男子であった。

古今の聖人達の事はいざ知らず、久米の仙人は、若い娘の白いふくらはぎを見て雲から落ちたのである。況わんや、この世代の未知なるものへの探求心や禁断の世界を覗き見たい欲望は、普通の健康な男子なら誰でも少しは持っていてもおかしくはない。

若い時の煩悩は、厳しい訓練や修行、或いは、なまじの知性にも勝る……？　かもしれない。

斯く言う私は未成年の癖に、不届きにも酒で失敗した。

一〇月の深まりかけた秋の土曜日の午後、わたしは例によって一人で三崎へ外出をした。この日は叔父に少し相談事が有り、アパートに寄らず制服のまま三崎港近くの叔父の会社に向かった。

連絡はしてあったが叔父は急用の為不在で、そこの事務員から夕方アパートに寄れとの伝言をもらい、私は港付近でパチンコ等して時間をつぶし（これも一八歳未満である為違反であるが）少し早目に叔父のアパートへ向かった。

油壺入り口でバスを降りると、釣瓶落としの秋の太陽がもうすでに台地の向こうに沈みかけていた。三浦半島の先端辺りは広大な台地状の畑が広がり、夏は西瓜、冬は大根の産地として有名である。その広大な畑中の道を少し過ぎた所でフト思い立ち、近くの酒屋で軽い夕食になる様な物と叔父の為に大瓶のビールを二本買った。

アパートに入り、買ってきた物を皿に移しグラスを用意してテレビを観ていると、やがて叔父が帰ってきた。着替える叔父に、

「兄ちゃん、ビールを買っておいたぞ」

そう言って栓を抜きグラスに注ぐと、意外な事に叔父はアルコール類は一切受け付けないのだと言った。思い起こせば、静岡の母の実家で暮らした幼き日々や、中学高校と居候をした二年間の中で、盆、正月も含めて、祖父や伯父達が酒類を口にしたのを見た記憶がない。熊本の父方にしても、普段余り酒を嗜む人はいなかった。だが、長い軍隊生活の影響か、父だけは例外で一升酒を飲んだ。

「栓を抜いちゃったし、飲まないで捨てるのも勿体ないな、よし、俺が飲む」

実は、当たり前の事だが、私はアルコール類を飲むのはこの時が初めてであった。グラスに注いであったビールを一気に飲み干した。喉が渇いていた所為か、苦みも余り気にならず以外に美

味いと思った。

「おい、……お前、大丈夫か」

叔父は呆れた様子で見ていたが、私は二杯三杯とグラスを傾けた。

「お前は親父に似て酒が強いな」

妙に感心している叔父を前に、少し得意になり二本目のビールも空けてしまった。

「そんなに飲んじゃって、本当に大丈夫か。門限はいいのか。もうそろそろ帰った方がいいんじゃあないか」

「うん、そうだな、もう話しも済んだんで帰るよ。何だか少し暑くなってきちゃたな、あのさ兄ちゃん、俺の顔赤くなってる？」

「あん、いいや、……しかし、うーん、でもそう言われれば、目の縁がチョット赤いかな」

「ふーん、そのくらいなら大丈夫だ。全然酔っていないし……」

初めての飲酒で酔いの加減が分からなかったが、すでにこの時点で少々酩酊していた様だ。その上、帰りのバスの程良い座席の暖かさと適度な振動で、身体の中でアルコールが攪拌されて私は陶然とした心地になった。それでも、同期生から頼まれていた買い物を思い出して、学校の一つ手前の停留所でバスを降りた。相模湾からの潮気を含んだ秋風がヒンヤリと私の火照った頬を嬲り、その心地良さに、買い物を済ませた私は次のバスを待たずに歩いて帰る事にした。

この頃になると、以前の様に帰隊もそんなに苦にはならなくなっていた。あの二段ベットが一室に二一台も並ぶ居室も、楽しい我が家とは言い難いが私の帰る場所であった。

少し歩いていると、訳も無く愉快になり大声で歌でも唄いたい気分になってきた。バスの一区間を歩くのは意外に時間がかかった様だ。道路の縁石にでも座って休んでいたのか、その途中の記憶が少し欠落している。

ようやく営門に着いたが、どこかいつもと雰囲気が違っていた。外出から帰る生徒の姿が一人として見当たらず門は閑散としていたからだ。外出証を提示して営門を通ろうとすると、

「あ、あ、ちょ、ちょっと待て、お前特外か？」

精勤章三本を袖口に付けた、駐屯地教導隊の古参陸士長の歩哨に止められた。

「え……？　いいえーっ」

何を馬鹿な事を言っているんだとばかりに私は少々開き直った様に答えた。そもそも特別外出か否かは外出証を見れば一目瞭然で、特別外出は外泊が許されている。折角外泊が許されているのにノコノコ帰って来る馬鹿はいない。

「所属は？」

と聞く。

「第一教育隊第四区隊」

私は憮然として答え、何で今日に限ってそんな事を聞くのだと少々腹が立ってきた。

「うーん、お前、酒を飲んでるな」

「ええっ酒、いいえー、酒なんか飲んでませんよ」

私は白々しく答えた。

「ふふん……そうかあ、まあそれはいいよ。だが、ちょっと待てよ、……うーん、どうするかな、えーと、うーん」

何かしきりにその歩哨は迷っていたが、何とか通してくれた。

（チェッ、何なんだよ、あの歩哨は。特外かだと、……トボケタこと言うなって、俺達生徒がそんなに簡単に特外がもらえるかよ。何でいつもの様にスッと通さんのだ、スッと……バカヤローめが。酒を飲んでるなだと、飲んでいるかよ、そんなもの……、へへっ、ビールは少し飲んだナ、酒じゃあない）

私がブツブツ独り言を言いながら隊舎に向かっていると、

「ああっ、帰って来た、帰って来た、おおーい」

教育隊の入り口から、私の区隊の当直生徒とベット親友のK生徒が血相を変えて走り寄ってきた。

「おう、お前らか、わざわざ出迎えご苦労。ところで何だ二人して、何かあったのかあ」

すると、当直生徒が、

「おい、あのさ、何かあったのかじゃあないよ。大変だぞ帰隊遅延じゃあないか。……あっ、あれえっ、酒呑んでるぞ」

「なにい、バカヤローめ、フフーン、酒じゃあないビールだ。呑んでて悪いかバーカ、……何っ、えっ、何、何だ、えっ、帰隊遅延？　俺が……か」

全くもって、バカヤローは私であった。結果十分程の帰隊遅延であった。

慌てて事務室に外出証の返納に行き酔いはすっかり吹っ飛んでしまった。こんな時に限って、当直陸曹は第一区隊の強面《こわもて》助教のA二曹である。

「むうーっ、顔を洗ってこーい」

A二曹は私の顔を見るなり大声で怒鳴った。

私は薄暗い洗面所で鏡に映った自分の顔を見て驚いた。それは茹で上がったばかりの蛸の様に赤黒くテラテラと光っていて、顔を洗っても取れるものでは無かった。


翌日の日曜日、私は自省の為自慢の長髪を刈り元の坊主頭になる決意をした。

「リンゴーキッドも年貢の納め時やな、しかしえらい事やってしもうたなあ、昔なら帰隊遅延は営倉ものだぞ」

区隊に常備してある手動式バリカンで、K生徒が何故か少しうれしそうに、入隊当初の様な五厘刈りのクリクリの頭にしてくれた。

月曜日の朝、私は区隊長の登庁を待ち帰隊遅延の事故報告に行った。黙って報告を聞き終えた田中区隊長は、視線を私の頭に移し、一瞬片方の唇の端を持ちあげて小さく笑われた様であったが、次に厳しい口調で言われた。

「むん、既に先程当直陸曹より報告を受けた。……まあ見たところお前なりに反省はしている様だな。だが言っておく、良いか、良く聞け。お前がもし将来部下を預かる身になり、一朝事有った場合、作戦で決められていた時間にお前の指揮する部隊だけが遅れて、それが為に我が方に甚大な損害を被ったとしたら、お前はどう責任をとる」

「……」

「そこを良く肝に銘じておけ。俺からはそれだけだ。只今から教育隊長（学校改編前の中隊長）のもとに事故報告に行く。一緒に来い」

自衛官の懲戒処分には、免職、停職、減給、訓戒、戒告、そして注意がある。まあ自分で言うのもナンだが、少々頑固でへそ曲がりの所や、長髪等の小さい規則違反は有るにしても、普段の私は成績もそこそこの比較的真面目な生徒であった。その所為か教育隊長の阿部一尉からは口頭による注意で終わり事なきを得た。

不思議な事に、帰隊遅延については厳しく咎められはしたが、飲酒に関しては区隊長からも教育隊長からも一言も咎め立ては無かった。

区隊長の掌

海岸端に高く構築された、ナイキアジャックスミサイル基地の土塁が、相模灘からの潮風を少しは遮ってくれはするものの、それを乗り越えて吹き付けて来る真冬の風は冷たく寒い。朝の乾布摩擦や駆け足或いは寒稽古の、寒いと言うより肌に突き刺す様に吹き付ける風は痛みさえ感じる。

隊舎内の随所に設置されている米軍の置き土産のスチームは、最早邪魔な鋳物の置物でしかなくその本来の機能を発揮してくれた記憶は無い。この時期は就寝時の防寒の為、毛布五枚とシーツ二枚の他に、モスグリーンの薄い掛け布団一枚が支給された。そのお陰で、暖房の無い居室に入り込んで来る寒気も何とか凌ぐ事ができた。

居室の暖房は無かったが、教場は石炭を焚くだるまストーブで暖をとった。石炭はある程度区隊の割り当てが決まっていた様だが、それを守っていては、隙間風が吹き込むボロ隊舎での授業は寒くて仕方が無い。当番の生徒が他の区隊の当番と競って、外の石炭置き場からせっせと運んできてはガンガン燃やした。そして度々石炭の使い過ぎを補給陸曹から注意された。苦しかった一年間もあと三ヶ月足らずで終わろうとしていた。

この時期は、二学年からの専門基礎学が、適性検査や各自の希望により決められる時期であった。

専門基礎学は、電子、電気、機械、土木測量、応用化学の五科で、私は測量や土木建設関係に魅力を感じ始めていた。しかし、私にきた命令は、

「電気科の履修を命ず」

であった。電気科の多くは久里浜の通信学校へ進むことになっている。

私は水産高校の無線科で一年間トンツートンツーと無線通信を学んだが、陸上自衛隊の通信科は、船舶、殊に外航船の無線通信とは内容が可成り異なる事がわかった。故に、この時期の私はもう無線通信士や船乗りになる事は断念していた。

私の水産高校の無線科の同級生は三八名であった。この内の約半数の者が卒業後、電波高専の専攻科に進学し、一年～二年で一級無線通信士を取得して、大半が大手商船会社の船舶通信士になった。

私と今も良き友である橋本君も、水産高校卒業後一年間三級通信士として漁船に乗った後、一念発起して電波高専に進み一級無線通信士となった。そして大手商船会社に就職して文字通り世界の海を駆け巡り、数万トンの貨物船の無線局長を最後に下船した。

だが後に聞いた話によると、当時の水産高校の無線科の担任教師は、校長や県から叱責を受けたそうである。そもそも水産高校の無線科は鮪船の通信士を養成する目的であったのが、ほとんどが商船に乗ってしまったからだと言う。

そんな事を聞き私は羨ましくも思ったが、考えてみれば、自分が船乗りに向いていないことがよおく分かった。船乗りの息子にしては、それはひどい船酔いをするのだ。

さて私は、第一希望が土木測量科で第二希望は機械科であった。機械科を第二希望にしたのは、土木測量科への希望が叶わなくても、施設学校の建設機械関係に進める可能性があったからである(機械科は機甲、武器、航空、施設のそれぞれの職種学校に進む事になっていた)。そんな訳で、私は電気科履修の命令にひどく落胆してしまった。だが、何としても機械科に替わりたいという一縷の望みをもって区隊長に掛け合いに行った。

「そうか、電気科は嫌か、機械科に替わりたい……か、うーん、お前の気持ちは解ったが、何しろもう命令が下りてしまったのでなあ、こりゃあちょっと無理だな」

田中区隊長は、聞き分けのない駄々っ子の様な私を前にして、途方に暮れた様に言われた。

(やはり、一旦出た命令の変更は難しいか)

と諦めていた数日後、私は区隊長の呼び出しを受けた。

「この前のお前の希望だがな、俺なりに少し動いてみた。その結果、お前とは反対に、機械科から電気科へ替わりたい者がいるなら何とかなりそうだ、探してみろ」

私は区隊長の腐心に感謝して区隊長室を飛び出した。

「おーい、ちょっと聞いてくれ。俺は今度専攻が電気科に決まった。だがどうしても機械科に行きたい。この区隊に機械科から電気科に替わりたいやつはいないか」

第一区隊の居室から順に大声を出しながら回った。すると隣の第五区隊で、

「お、おい、お、俺は、電気科を希望したが、き、機械科になった。電気科に、か、替われる……のか」

慌てると少し吃音になる、私と同じ一六歳入隊組の大分県出身のK生徒が、手入れ中の半長靴を片手に走り寄って来た。

「おおう、Kか、お前電気科に替わりたいんだな。よし、それならその半長靴を置いて、今すぐ俺と一緒に来い」

「どこへ？」

「俺の区隊長の所だ」

「ああ、そうか、……よし、い、行く」

私がK生徒を伴い区隊長の所に行くと、

「何、もう見つかったか、お前にしては随分素早いな。それじゃあ何とかしよう。K生徒はそれでいいんだな」

「は、はい」

「よし、K生徒の区隊長は現在不在だから、後でこの事を報告しておけ。俺からも伝えておく。

しかし、二人共この命令変更の発令は一ヶ月後になるはずである。それまで待て」

こうして私はごり押しに近いやり方で、一ヶ月後晴れて機械科専攻の発令を受けた。

専攻が決まり三学期が修了すると区隊の編成替えが行われた。つまりクラス替えである。

今まで私が所属していた第四区隊は電気科専攻のクラスになるので、機械科専攻の者は第二区隊に移る事になった。

教場で別れの会が催される事になった。別れると言っても、土木測量科専攻の者が一人、第二教育隊に移る事を除けば、又一年間、区隊は違っても同じ教育隊の屋根の下で、同じ顔を見ながら暮らす訳である。

しかし、苦しかった濃密な一年間を共に過ごした区隊仲間や、お世話になった田中区隊長の事を思うと一抹の寂しさもあった。

我が第四区隊は一名も欠ける事無く四二名の進級が決まった。

出てゆく者も残る者も、一人ひとりが教壇に上がり、挨拶やこれからの抱負等を語る中で、印象に残った事がある。北海道出身のW生徒はお寺の次男坊という事で、長髪が許可になっても毎日きれいに自分で剃髪をし、青々とした頭が特徴であった。頭の形も良くなかなかの美男子であった為、それが又よく似合ってもいた。そのW生徒は自分の番が回ってくると、机の中から紫色の袱紗の様な物を取り出して両手で捧げ持ち、悠然と教壇に上がった。何事が始まるのかと思って皆が見ていると、袱紗の中から恭しく袈裟を取りだし、それを首にかけて我々に向かって合掌した。

「何だよ、縁起でもねえ」

少し室内がざわついたが、W生徒は意にも介さず、

「えー、区隊全員の進級を祝し、又諸君の前途の幸多からん事を祈念して、只今より、有り難いお経を唱えさせて頂きます」

そう言うと、一年間号令調整と隊歌演習で鍛えた声で朗々とお経を唱え始めた。入隊前既に僧籍に入っていたという事で、なかなか堂に入った読経に我々は呆気にとられてしまった。

別れの会の終わりに、区隊長の田中一尉は、机の間を廻りながら、この区隊から出ていく者の頭をゆっくり撫でて一人ひとりに激励の言葉をかけてくれた。私は少し手荒に頭をゴシゴシと撫でられて鼻の奥が少しむず痒くなった。

区隊長の掌は思いのほか柔らかく温かであった。

攻城戦

区隊の編成替えが終わったある土曜日の午後の事であった。

土曜日は半休の為余り外出せずに、駐屯地の集会所で上映される映画を観て過ごす事が多かったが、その日は、怠け者の私としては珍しく柔道場で汗を流していた。すると、新隊員教育隊の新兵さんが一人、稽古をさせてくれと入ってきた。柔道着に着替えた新兵さんは、軽い準備運動の後真っ直ぐに私の所に来て、

「いいですか？　お願いします」

と言った。背は当時の私の一七六㎝より少し低いが、横幅のあるがっちりとした体格であった。

新隊員の教育訓練期間は六ヶ月であるが、その内、この武山で行われる前期教育期間は三ヶ月間である。おそらくその三ヶ月は厳しく何かにつけ多忙に違いない。従って新隊員が柔道の稽古に来ることは今まで無かった事だ。

その新兵さんは、外見は大人しそうに見えるが、生徒隊の柔道場に一人乗り込んできたのであ

る。どうして、どうして、なかなか神経は図太そうであった。が、しかし、昨日今日入隊したばかりの新兵さんに負けたとあっては、生徒隊柔道部の名折れになる。しかも私は曲がりなりにも数少ない黒帯であった。負ける訳にはいかない、と試合でもないのに闘志を燃やした。

組んでみてすぐ、

（おお、こりゃあちょっと手強いぞ）

と感じ、技の応酬が続いた。矢っ張り、なかなか強い。だがそう簡単に投げられる訳にはいかないぞ、そう思った瞬間、強烈な内股がきて私の身体が宙に舞った。

（なにくそっ、新兵ごときに一本取られてたまるか）

この時に至っても尚、変な意地が働き、身体が裏返るのを防ぐ為私は受け身を取らず、思わず右手を着くという失態をしでかしてしまった。

鈍い音がして肘に激痛が走った。見ると腕が妙なふうに曲がっている。それでも痛みを隠し、

「あれっ、クソッ、折れちゃったかな、うう……、うーっ、つっ、はあ、ああ悪いな、俺ちょっと医務室に行ってくるわ、ううっ」

次第ににじみ出てくる額の脂汗を拭いながら、必死に駐屯地正門近くにある医務室にたどり着いた。しかし、土曜日の午後の為医務官は不在で、一時間余り気が遠くなる様な痛みに耐えてようやく近くの民間医院に搬送された。

診断の結果、肘の亜脱臼で、外れかけた関節の間に筋肉が食い込んでいると言うので、治療は全身麻酔で行われた。

「柔道でやったんだって……、へたくそめが」

私は麻酔が効き始めて朦朧となった意識の中で、老医師がそう言って笑ったのを聞いた。

麻酔が醒めた治療台の上で肘を見ると、右上腕が太股の様に腫れ上がっていた。付き添って来てくれた同期生が、

「おい、お前なあ、麻酔が効いて治療している間中、クソッタレッ痛えじゃあねえか、この藪医者あ、もっと上手《うま》くやれえ、バカヤロー、なんて随分悪態をつくんで、俺ハラハラしたぞ」

と言った。

日頃の私はそんな下品では無いつもりだったが、無意識では結構下品な人間かもしれないと忸怩たる思いになった。


右腕の負傷はその後の生活全てに支障をきたした。まず片手では満足に顔も洗えないし、風呂にも入れない。食事はPXでホークを買い求め左手でそれを使った。訓練や体育はやむなく見学に回ったが、これで給料を貰っている以上、何かサボっている様でかなり気が引けたものだ。

最も困ったのは、間もなく始まった中間試験であった。こればかりは見学という訳にはいかず、ギブスをはめた右手に鉛筆をくくりつけてそれに左手を添え、頭だけではなく、全身を使って答案と格闘して何とか赤点だけはまぬがれた。

その後ギブスは外れたが、腕がくの字に曲がったままになり、伸びず曲がらずかなり痛いリハビリをする羽目にもなった。

まず医師は私を治療台に仰臥させると、

「ちょこっと痛いよお」

等と、とぼけた顔で言い、上腕部の下に細長い枕をあてがい患部をマッサージしていたが、しばらくして看護師の二人に目配せをした。

「さあ、やるよ」

医師が呟くように言うと、目配せを受けた看護師のおばさん達は、私の上半身と下半身を、それぞれが覆い被さるようにして押さえつけた。次の瞬間、医師は曲がっている私の腕を強引に力を込めてグッグッと伸ばし始めた。ちょこっと痛いよお、なんてものではない。脱臼した時より痛い。

「わあ、イテテテ、何するんだ、このクソ藪医者あ」と思わず叫びそうになったが、そこは、意識のある時は上品な私である、なんとかそれを我慢した。

だが、そんな痛い思いをした甲斐も無く、以後私の右腕はしばらくの間少し曲がったままになってしまった。

東京オリンピック大会横浜フェステバルという一大イベントが、当時の横浜市三沢球技場で開催された。少年工科学校生徒隊第九期生全員が、それに参加して攻城戦をやる事になったが、私はまだ肘の脱臼が完治せず留守番として学校に残った。

伝え聞く所によると、元々このイベントの主催者は、防衛大学校学生隊の棒倒しを予定していた様であった。しかし防衛大学側は、我が校の棒倒しは見せ物では無い、と断ったという話であった。話の真偽は定かではなかったが、もしそれが本当ならば、流石に防衛大学は見識が違うと私は思った。

ともあれこの一大イベントに、生徒隊は攻城戦を一般の人達に披露する事になった。

攻城戦とは棒倒しと同様な競技だが、異なる所は、棒を立てた周りに太いロープを円形に置き、防御側の半分がこのロープを地面に押さえつけ、他の者は棒倒しと同じ要領で立てた棒を守る。

一方攻撃側は、この防御側が押さえているロープの下を潜り抜けなければ、相手の陣地に入り、棒に取り付き倒す事が出来ないというルールである。

つまりは、ロープは城壁で、この円陣の下を潜る事によって城内に入り、城の本丸である棒を攻める事が出来るのである。この一本のロープが介在する事で、普通の棒倒しに比べて一層ハードな競技となった。

この攻城戦は、生徒隊では体育訓練の一環として、事ある度に教育隊の対抗戦が行われ、卑怯な手を使わない限り、殴る、蹴る、投げる、と何でも有りの激しい競技であった。とは言え、投げるは兎も角、殴る、蹴るは当然ながら本当は禁止である。だが一旦競技が始まってしまえばそんな事は頓着してはいられない、毎回怪我人が続出した。

そんな競技で大勢の観客がいるとなれば、生徒達のアドレナリンは極限に迄高まるのはの は必至で、ましてやそれが、何とも晴れがましいオリンピックフェステバルともなれば尚更である。

案の定、その日の競技は、その激しさが益々エスカレートして、骨折や脱臼する者が相次ぎ、救急車まで出動して翌日の新聞種にもなってしまった。当時は、自衛隊を税金泥棒、日陰者等と公然と言っていた時代である。これを言われると自衛官としては大変辛くプライドも傷ついた。当時の自衛隊を取り巻く環境はけっして良いものではなかったが、私はこんな言われ方をして、宣誓どおりいざという時には身命を賭する事ができるものかと思った程である。

自衛隊上層部はマスコミの報道には層倍敏感である。少しの波風にも神経質になっていた様だ。新聞記事は大きなものではなかったが、多分にその事が影響したのであろう。以後攻城戦は封印され、我々が卒業する迄行われる事は無く、又その後入隊した後輩達においても行われた形跡は無い。

柔道で怪我をした翌週の日曜日、居室で同期生達と談笑していると、入り口で案内を乞う声がしてあの新兵さんが訪ねてきた。わざわざ駐屯地の北端にある新隊員教育隊から見舞いに来てくれたのである。ようやく三ヶ月間の前期教育が終わり、富士の後期教育隊に行くのだと言っていた。少し当たり障りのない話をした後、

「○○二士は強いね、どこで柔道をやっていたんですか」

と私が聞くと、N大付属S高校の柔道部主将だったそうで、卒業時には三段をもらったと言う。高校生で三段を取るのはなかなか難しい。道理で強いはずである。私は初段であった。

講道館非公認二段

生徒隊のクラブ活動は専ら《もっぱ》体力錬成の場で、全生徒は何れかのクラブへ所属を義務付けられていた。茶道部や絵画部といった文化系クラブもあるにはあったが、同好会又は趣味的な色合いが強く、こちらに入っていても、所謂、〝体育会系〟クラブには必ず所属していなければならなかった。生徒隊には柔道、剣道、銃剣術、空手、合気道、レスリング、ラグビー、サッカー、野球等々のクラブがあり、私は柔道部であった。

中学まで私は野球をやっていたのだが、時々野球センスが無いのかなと思っていた。守備が余りうまい方ではなかったのである。しかし、中学三年の時、熊本から静岡に転校し、その時の野球部の監督から、当時の中学生としては珍しいクラウチングスタイルの打撃フォームを指導された。すると急激に打撃力が伸びて、以来チーム唯一のロングヒッターとなり中軸を任された。そして地区予選ではセンターオーバーの二塁打を記録したものの、チームは敢え無く一回戦で敗退、それ以来野球は見るだけの楽しみにとどめた。

柔道を始めたのは水産高校に入学してからである。理由は単純であった。初めて柔道の稽古を目の当たりにして、その迫力に圧倒され、あんなにも簡単に人を投げられるものなら自分もやってみたいと思ったのである。そして、日本人として生まれたからには柔道は男子のたしなみと思い、軽率にも即日入部を決意してしまった。

しかし、見るとやるとは大違いで、来る日も来る日も、受け身の稽古と三年生達のシゴキが続いた。ことに主将某の一片の愛情さえ感じられないニタニタと笑いながらのシゴキは嗜虐的ですらあり、毎日の放課後、道場に通うのが苦痛であった。わざと寝技にもち込み絞め落されて失禁してしまう者も度々出る程で、あまりの酷さに無線科の柔道部五人は鳩首協議し、私が代表に推されて担任教師に相談にいった。

「先生、無線通信士はキーを打つ手首が命ですよね」

「うん、まあ確かにその通りだが、それがどうしたんだ」

「はい、それで、野球はあまりやらない方が良いと聞いたんですが、柔道も手首や腕をかなり酷使します。余り手首を酷使すると筋肉が硬くなり、キーを早く打てなくなるんじゃあないかと、僕達無線科の柔道部員は心配です。……あの、柔道は……止めたほうがいいのじゃあないかと思うんですが……」

するとと、一級無線通信士で外国航路の局長経験も豊富な担任教師は、

「おう、そうか。君は柔道部だったな。そうか、そうか。うん、柔道ねえ、……ありゃあ確かに

手首を使うな。腕も酷使するかもしれん。だが、な—んにも心配いらんぞ。おおいにやれ、大丈夫だ。聞くところによると今年のうちの学校はなかなか強いそうだな。県代表として全国大会に出られそうだと聞いたぞ。楽しみな事だ。君たちも頑張れ、俺も応援するぞ」

私達の浅はかな目論見はいとも簡単に打ち砕かれ、いらぬ激励までされてしまった。以来、やめるにやめられず柔道は惰性の様に続け、それでも私はその年の秋、同級生に先んじて昇段試験に合格し黒帯を締めることを許された。

生徒隊の柔道部はシゴキもなく、人気があり部員も多かった。私が入隊した年の二年生の中には驚くほど強い者が二人おり、私と同じ初段であった。水産高校の上級生にも県の高校柔道界では五指に入るほどの強い人がいたが、この二人は桁が違った。私はそれまで簡単には投げられない自信があったのだが、乱取りをしてみるといとも簡単に——その二人にはポンポンと投げられてしまい、私はすっかり自信をなくしてしまった。ここでも一年間の自衛隊生活の差を痛感したものだ。

生徒隊のクラブ活動では、一般高校とは異なり、インターハイへの出場はもとより高校生としての対外試合は非常に少なかった。ラグビー部等は陸海空生徒隊の対抗戦があったが、柔道部はその様な試合もなく、まれに近在の高校を招待して試合をしたが、公式な高校生の大会には出場機会がなかった。

唯一の対外試合といえるのは横須賀市の主催する柔道大会で、これに私達は一般の部で出場した。この大会にはベースキャンプのアメリカ海軍兵士達も多数出場していて、私は一回戦でその中の一人に当たってしまった。柔道着におおわれた白人米兵の隆々とした厚い胸板と二の腕は毛むくじゃらで、日本人にしては大柄な私よりさらに大男である。試合が始まり組み合うと、何ともいえない獣の様な強い体臭がして、私は息を吸うのさえ嫌になり、始めのうちはそれで半分戦意を削がれた。寝技にでも持ち込まれ、上四方固めで押さえ込まれでもしたら数秒で悶絶してしまいそうであった。私はタジタジになり、それに乗じた米兵は腕力にまかせて、右に左に私の身体を振り回し押してきた。しかし、アメリカ人は総じて足が長い、したがって、重心が日本人に比べれば高い。純日本人的体格の重心の低い私は、グイグイと押してくる米兵の足元に身を沈め咄嗟に体落としを掛けた。すると、巨体はもんどりうってあっけなくきれいな一本が決まり、これぞ柔よく剛を制すの柔道の極意だと、私は実に爽快な気分になった。

この試合の後写したと思える、口をへの字に結んで少し強そうにカメラを睨んでいる、セピア色になりかかった写真が一枚だけ残っている。

当時、生徒隊の柔道部の顧問は、東京オリンピックで重量級の金メダリストとなったI氏と、講道館師範のW十段であった。どんないきさつでこんなにも高名な柔道家が顧問になられたのかは不明だったが、I氏の方は現役で忙しかった為に一度も来隊されなかった。しかし、W師範は私が二年生の時一度だけ、赤白の段だら帯を締めて指導に来てくれた。

……ここで少し余談。東京オリンピックのマラソンで、日本国民を熱狂させた銅メダリスト円谷選手は、その後自衛隊体育学校の教官となられ、私達は三年生の時、彼の体育の特別実地教育を受けたことがある。円谷選手は色の白い華奢な感じのおとなしそうな人であった。

さて、講道館師範のW十段の指導があった数カ月後、私は第二教育隊の区隊長である柔道部の部長T一尉から呼び出しを受けた。T一尉を区隊長室にたずねると、私以外に五人の同期生がすでに整列していた。話の内容は昇段の事であった。六名の内、段を持っていない二名の者には初段を、あとの私を含む四人の初段の者には二段を、それぞれ、一般の昇段試験を受けなくても承認してくれるという話だった。二段への昇段試験はなかなか厳しいことは分かっていた。

――昇段試験を受けなくても二段を与えると、W師範がそう言ってくれたのか。

そうであれば名誉なことで大変嬉しいことである。しかし、私は妙なところがへそ曲がりで、時々これで損をして後悔するのだが、この時もその悪い癖が出て、私一人だけその話を辞退してしまった。金の絡んだ話でもなければ、何の不正もない訳であるが、厳しい昇段試験を目標に毎日汗を流して頑張っている一般の高校生の事を考えると、どこか裏口入学ならぬ裏口昇段的な気がしたからだ。

後になって考えると、きっとこの話はT一尉がW師範に願って、昇段試験を受けられずこの地を巣立って行く若い私達への、せめてもの餞《はなむけ》として考えてくれたものに違いない。私は、その温情を知らず意固地にも断ってしまったのだ。

だが私はT一尉に感謝して、以来、密かに講道館非公認二段を自認している。

自習時間の出来事

希望と不安を綯《な》い交《ま》ぜにして、一年前の私達同様に第一〇期生が入隊してきた。そしてこの年の一年生は第三・四教育隊を編成した。

「さあ、後輩が入ってきたぞ、今まで一年間散々しごかれたから、今度は俺達の番だ。バンバンしごいてやるぞ」

と手ぐすねを引いて待つ者が何人かいたが、得てしてこの様な手合いにはつまらない奴が多かった様な気がする。

「お前はいいよな、指導生徒や他の二年生からも一目置かれているから……」

私は一年生の時、東京都出身の大野生徒から時々言われたが、一目云々は兎も角、確かに私は上級生から個人的には殆ど指導を受けた事が無かった。

それは高校一年中退の入隊と関係があったかというと、そうでもなかった様だ。私達第九期生の一六歳入隊組は高校中退者と浪人組を合わせると全体の三割近くいたが、入隊して同じ草色の作業服を着てしまえば、そんな事は全く判らなくなってしまうからだ。

それでは、皆より少しだけ注意深く、要領が良かったかというとそうでもなかった。むしろ私は自覚に欠けるのだが、少しばかりボンヤリしていた様だ。

「いやあ、全く、お前って奴は大器晩成型だな」

「お前の様なタイプは、絶対射撃が上手いはずだ」

等々、一年生の時の田中区隊長が笑いを含んだ顔で私に言われた。いずれもこの言葉の真の意味は、古い表現でいえば『昼間の行灯』、或るいは『夜明けのガス灯』か、兎に角ボンヤリとしている者を形容したものである。洋を問わず軍隊ではこれらの者の中に射撃名手や巧手が多かった様だ。しかし残念な事に私は特別上手な方ではなかった。

そんな私だったので、普段下級生がうっかり欠礼等しても一切咎めたり叱ったりした事はなかった。

だが、私も一度だけ下級生に声を荒げた事がある。

某日の入浴中の事であった。洗い場で身体を洗っていると、湯の入った私の洗面器を黙って横に押し退けて、私の前のカランで自分の洗面器に湯をくみ平然と身体を洗い出した奴がいた。

同期生かと隣を見ると、そうでもない。

いくら親しい同期生でも「おい、チョットすまんな、お湯を汲ませてくれ」位は言うはずである。

同期生は五〇〇名余りいたが、一年間も一箇所に暮らせば、教育隊は違っても顔位は大抵覚えているものである。

そいつは余り見かけない坊主頭であった。随分不注意な一年生である。

そしてその一年生が不幸だったのは、この時の私は少々虫の居所が悪かった。

「おい、お前一年生だな」

「……、はい」

何となく不貞不貞しい態度に、私は少し声を尖らせた。

「お湯を汲むんだったら一言俺に断われよ、勝手に俺の洗面器をどかすなっ」

「……」

その一年生は尚も不貞腐れた様に無言で身体を洗っている。

たしかに、浴場では素っ裸で、学年を表わす名札も何もつけてはいない、言わば無礼講の様なものだ。しかし、これには流石に、真昼の行灯、夜明けのガス灯、の私もムカッときた。そうなると私の中に半分流れる肥後もっこすの父の血が途端に滾《たぎ》る。

「貴様あ、その態度は何だっ。立てっ、きをつけえ、所属と氏名を言えっ」

浴場中に響く大声で怒鳴ってしまった。入浴中の周りの者の視線が一斉に集まり、私は引くに引けなくなり、その場で偉そうにも説教をしてしまった。

勿論、お互いに前も隠さず大事な物丸出しである。端から見ればさぞかし滑稽であった事だろう。

「教育隊に帰ったら、お前の指導生徒にこの事を事故報告しろ。そして指導生徒が何と言ったか、

やらすっかり疲れてしまった。

その結果を後で俺に報告に来い」

そう言って私は自分の所属と名前を伝え、その一年生を解放したが、慣れない事をした為に何やらすっかり疲れてしまった。

その後自分の区隊に帰り、居室でくつろいでいると、

「はいりまーす。第四教育隊第三区隊○○生徒は……」

「待て待てえ、おい、こらあ一年生、チョット待てえ、今お前、何かそこでゴチョゴチョ言っとったが、なあんも聞こえんかったぞ。始めからやり直せ」

「は……！　はいっ、やりなおします。……はいりまーす」

「き・こ・え・ん、もう一度やれ」

「はいっ、……、はいりまーす。第四教育隊第三区」

「元気が無い、もう一度だ」

「はいっ」

入り口辺《あた》りが何やら騒がしい。

見ると絞られているのは件《くだん》の一年生であった。

これはマサシク飛んで火に入る夏の虫である。入り口付近にいた暇な同期生某がネチネチとからんでいた。

「おおい、もういいから、その一年生は俺の所に来たんだ。こっちに寄こしてくれ」

すっかり萎縮している一年生を見て、可哀想になってしまった私は一言二言声を掛けて早々に

帰してしまった。冷静に考えてみればお湯を横から汲んだだけの事である。成り行き上少し大袈裟になってしまったが、私の心の中にも不遜な気持ちがあったが故の出来事であった。

俺は何てちっちゃい人間なんだと、苦々しい気持ちが私の中でしばらく尾を引いた。

二年生になっても忙しく厳しい日常に変わりはないが、全て要領もわかり大分気持ちに余裕が出来てきた。

夜の自習時間終了前は反省録（日記）を書く時間でもあるが、手紙を書く者もチラホラと見られた。勿論自習中は、手紙を書くのも読むのも禁止されていたが、この頃になると誰に注意されることもないので多少の規律の緩みも出ていた。

手紙は日常の中で数少ない楽しみの一つであった。毎日夕方の書簡受領が待ち遠しく、来簡の当ても無い日でも自分の名前が呼ばれないと落胆したものである。その為せっせと手紙を書き、大抵の者が故郷のガールフレンドやペンフレンドと文通をしていた（昨今の様に便利な携帯電話など無い時代である）。

私もご多分にもれず会った事もない女子高生と少しの間文通をしたが、次第に面倒になり一方的に止めてしまった。しかし、女の子からの手紙を嬉しそうに読んでいる奴を見ると、やはり何とも羨ましい。

ある日の自習時間終了前、薄いピンク色の便箋をニヤニヤしながら読んでいた愛知県出身の後藤生徒に、

「おい、みっともないな後藤、鼻の下が伸びとるぞ。あのなあ、少し考えてみたらどうだ。俺達はさ、折角こうゆう所に望んで入ってきたんだろ。女なんかと文通をしてうつつを抜かしている場合か？　俺達は今、ストイックに自分自身を鍛え、心身を磨かなければならない時だと思う。俺はそう決心して、女との下らない文通は止めたぞ」

私はやっかみ半分に口から出任《でまか》せを言ってしまった。数日後、日頃から、三島由紀夫の葉隠入門等の著作を好んで読んでいた後藤生徒は、

「あのさ、あの後俺も良く考えてみたよ。確かにお前の言う通りだ。俺も女との文通は止めて、今後はストイックに過ごす事に決めたよ」

顔の割りに耳が大きくダンボの渾名がある、純な心を持った後藤生徒だったが、その耳を紅潮させて真剣な表情で私に言った。

しかし卒業してから後《のち》も、私のいい加減な口車に乗った事を悔いた後藤君から、しばしば恨み言を聞かされる羽目になり閉口した。ずっとその女の子の事が忘れられなかった様だ。人の恋路を邪魔した私は豆腐の角に頭を打ち付けるべきであった。

そんな自習時間、その日私は手紙を書いていた。女の子へではなく、母への便りであった。すると、一年生の所に指導生徒として出向いていた四人が帰って来て、

「みんな、自習中すまんが、一〇期の事で少し話を聞いてくれ」

と深刻な表情で切り出した。

私は手紙を書きながら耳を傾けた。

話の内容は、一〇期つまり一年生が、指導生徒の指示を守らず反発ばかりしてくる、時々指導生徒四人では手に負えない事もある、だからみんなの力を貸せ、という事であった。たちまち教場の中は、一年生への非難と憤慨する声で溢れた。

その中の数人が「生意気な一年生は断固制裁すべしだ」と声高に叫び、その急先鋒が「今まで散々しごかれたから、今度は俺達が……」の代表的生徒の某であった。彼は人一倍我が強く狷介で利かぬ気の男であった。

「一〇期の野郎ら、俺達が少し甘い顔をしていると思い舐めていやあがるんだ。よーし、今から奴らの所へ行ってガンガン絞めてやる。みんな、行こうぜ」

この生徒の扇動で区隊の意見の大勢《たいせい》が決まり、四人の指導生徒と一段と息巻く彼を先頭に、ほとんどの者が一年生の所に押し掛けて行った。

気が付くと、教場に残ったのは私とK生徒の二人だけであった。K生徒は、二年生になって同じ区隊になった真面目な大人しい男で、ややもすれば皆から浮いてしまいがちな存在であった。しかし、不思議に助教の受けが良く、又頻繁に手伝いをする為、助教のスパイではないか等とつまらぬ陰口をたたく者もいた。そんなK生徒が残った理由には全く興味が無く、又聞きもしなかったが、私が残った理由は、常々余り良い感情を抱いていなかった某生徒の尻馬に乗るのが嫌だったからだ。又、就寝前に一年生の隊舎迄わざわざ出掛けるのが面倒であったに過ぎない。

それに私には、水産高校入学当初、挨拶が悪いという理由だけで、クラス全員が上級生の教室に呼び出され散々締めあげられた不愉快な思い出があった。

後刻、一年生の所から帰ってきた佐賀県出身の親友、前田健二生徒に状況を訊ねると、いつもの丁寧な口調でこう言った。

「いやー、行かなくて良かったですよ、アイツだけが偉そうに一人でがなりたてて、俺達は馬鹿みたいに周りで黙って見ていただけでしたよ。全く、くだらない事でした」

ところが翌日、この事件が学校上層部に発覚して我が第二区隊は厳重注意を受ける事となった。指導生徒達による課業外における指導は、生徒の自治活動として多少の行き過ぎも含めて黙認されていたが、一般生徒の集団での指導は多分に問題であったのだ。

それとは別に、後日私は区隊長からの呼び出しを受けた。K生徒は呼び出しを受けず、何故か私一人であった。

二年生になってからの区隊長は防衛大学第一期生出身のS一尉であった。この人は普段の言動から、何か大望を抱いている様に見受けられ、生徒隊教育に携わっている事を多少不本意に思っているのではないか、と私は勝手な想像を働かせていた。

しかし、かと言って決して我々生徒に対し等閑であった訳では無く、むしろ熱い意気で接してくれていた。

呼び出しの理由は、あの夜、私がどうして区隊の仲間達と一緒に行動しなかったのか、という点であった。

区隊長としては当然の疑問であった事であろう。

「母に手紙を書いていて、途中で止めるのが嫌だったからです」

呼び出しを予想していた私は、予め用意していた余り意味のない返答をした。

S区隊長は自習中手紙を書いていた事を咎めるでもなく、不可解な顔をして私を見つめていたが、それ以上の質問は無かった。私もそれ以上何も話すつもりは無かった。

区隊の者は私が行動を共にしなかった事について、表だって非難する事も無く、又、それによって私が区隊の和や団結を乱したという事も無かった、と思っている。

只、後年の同期生会で久し振りに会ったこの時の同じ区隊だった者に、

「お前、生徒の時は大分格好つけていたろ」

と言われた。

「うん。まあな」

とその時答えておいたが、私は、元々軍人は他の職業に比べ、平時には格好をつけ自らを律する職業と認識している。故に古来から一般に服装が派手で他より少し目立つものを着けているのだ。

基準隊員の苦悩

晩秋の突き抜ける様な好天に恵まれた、昭和三九年一一月一日。この年の自衛隊創立記念中央式典が神宮外苑で行われた。

この日全国各地の部隊で行われる創立記念式典の中でも、中央式典の観閲式に参加出来るのは、陸海空全自衛隊の中でも限られた部隊だけである。少年工科学校生徒隊は、当時一〇月一日付けで二等陸士に昇進した二年生全員がこの式典に参加する事になった。

行進、殊にパレードはその部隊の練度がはっきりと表れるものである。

昔、タイロン・パワー主演の「長い灰色の線」という、ウエストポイント陸軍士官学校を舞台にしたアメリカ映画があったが、そのエピローグで、士官学校の生徒達が素晴らしい分列行進を見せるシーンがある。マスゲーム好きな近隣某国の軍隊や、昔のナチスドイツを代表とするファシズムの軍隊の様に、手や足や膝を、必要以上に不自然に大きく振ったり上げたりするわけでもない。きわめて自然でスマートな歩き方で、しかもそれが一分の隙もなく揃っていた。

エキストラでは到底あんな風にはいかない。きっと本物の士官候補生達の行進に違いない。あれぞ厳しい訓練の賜物であろう。ストーリーそのものよりも、私にはそのシーンが非常に印象に残った。

二学期の中間試験も終わり、観閲式が近づくにつれ、来る日も来る日も時間さえあれば観閲行進の練習に明け暮れた。横列一〇名縦列一五名の一〇列縦隊一五〇名が一個梯《てい》隊で、生徒隊は三個梯隊五〇〇名弱の編成であった。

通常の行進又は式典の場合は四～五列縦隊四〇～五〇名である。慣れない一〇列縦隊では縦の列の足並みは揃うものの、横の列がなかなか一直線に揃わない。練習中、各区隊長や助教から激しい叱咤が絶え間なく飛ぶ。

最前列の最右翼は基準隊員と言って部隊の要《かなめ》となる。この基準隊員が少しでも蛇行したり、歩くリズムが狂うと部隊全体に影響が出て、整然とした行進が出来なくなるのである。したがって、基準隊員は極度に緊張するし人一倍疲れる。概ね基準隊員は、その部隊の最も身長が高い者が務めるのが常であったが、この時の基準隊員は練習を重ねてもどうも上手くいかない。怒鳴られると益々緊張して歩行が怪しくなった。私より背の高い者が二人交替させられて、あれよあれよと言う間にその役が私に廻ってきてしまった。

それまでの私の位置は最前列の右から三番目で、このポジションは右隣の者に合わせる事に集中してさえいれば良く、比較的気が楽であった。

基準隊員に指名された私の緊張はピークに達したが、兎に角真っ直ぐ正面のやや上に目標を定め、それに向かって腰に力を入れアスファルトを踏み締める様に歩いた。すると其の結果、正式な基準隊員は私が務める事に決まった。


神宮の杜に勇壮な行進曲〔抜刀隊〕と共にアナウンスが流れた。行進序列トップの防衛大学校学生隊の指揮官が指揮刀を煌《きらめ》かせて行く。

「カシラー、ミギッ」

甲高い指揮官の声が響く。

婦人自衛官の看護学生及び看護師の部隊が行く。

更に甲高い号令が響く。

「只今の行進は、陸上自衛隊少年工科学校生徒隊です」

我が生徒隊も行く。

古いアルバムの中の、生徒隊の堂々たる観閲行進の写真を見ると、先頭に生徒隊長（大隊長相当）の中西二佐が四人の幕僚を従え、観閲官の内閣総理大臣（この時は第三次池田内閣であったが、病気の為、首相当人は不在であったと記憶している）の代理と思しき人に向かって、挙手の敬礼をしながら歩いている。

その後ろが旗衛隊で、真紅の厚い下地に銀色の鳩と月桂樹、そして二つの桜がデザインされたまだ新しい校旗を掲げた旗手を中に、左右に銃を担った生徒が続く。次が本隊の第一梯隊で、梯隊長の阿部一尉。その又後ろが梯隊旗手。そして一糸の乱れもない一〇列縦隊一五〇名が、最右翼の一五名を除き、「頭、右」をしながら白手袋をした左腕を肩の高さ迄振り上げて行進している。

私はというと、最前列の最右翼でしっかり前方を見据えて歩いている。

実はこの時、私は卒然と起こった衝動に戸惑いを感じていた。それというのは、私も皆と同様に「頭、右」をしたくてしたくて、どうしようもない衝動に駆られたのである。神宮外苑を埋め尽くす様な一般の観客や、高く雛壇状に組まれた観閲席に座る政府首脳と、各国の大使高官や要人達、駐在武官等を、この際、一目でよいから見てみたいという、実にミーハー的好奇心が湧き起こったからである。

――横目を使って、チョットでもよいから見てみたい

だが一瞬でもそんな事をしようものなら、歩調が乱れて、これまでの苦労が水泡に帰すかもしれない。だが、何とか見たい。そんな欲望をグッと抑えつつ、アルバムの中の私は実に健気に凛々しく？　そしてほんの少しだけ顎を上げ気味に、真っ直ぐ前を見て行進している。

第二章　陸上自衛隊施設学校及び部隊付実習

施設学校雲助《くもすけ》科

昭和四〇年四月一日付けをもって、私は三学年に進級して一等陸士に昇進した。そして、茨城県勝田市（現ひたちなか市）にある陸上自衛隊施設学校に於いて、第九期生徒建設機械技術課程での履修を命じられた。希望通り職種は施設科となった。

施設科とは工兵隊の事である。英米軍式に言えば工兵はEngineerで、自衛隊でもこれに倣って、部隊章の上部に頭文字のEの文字が付く。

私の長官直轄部隊を表わす部隊章上部にも、ＥＳと付いた。ＳはSchoolのＳである。

自衛隊は軍隊ではないという建て前から、軍や兵という名称が使えないので、施設などというどこか曖昧な名称になった様だ。

自衛隊生徒制度が発足した昭和三〇年四月初旬、全国から選抜された陸上生徒一四〇名の内二〇名が、施設科生徒の第一期生として施設学校へ入隊した。そして、この第一期生が三年生の時悲劇が起こった。

ＴＮＴ爆薬爆破訓練中、生徒隊初の殉職者が出たのである。それは施設科生徒となった私達後輩に語り継がれ、その訓練は常に危険と隣り合わせである事に我々は粛然とさせられた。

第一期生から第四期生に至るまでは、部隊付き実習の一年間を除き、施設科生徒課程の全教育は施設学校で行われた。しかしその後、武器、通信の各学校生徒と共に武山に移駐し、陸上自衛隊生徒教育隊として統合された。それ以来各職種学校は、生徒教育に於いては中期教育或いは、三等陸曹任官前の最終教育の場となった。

我々第九期施設科生徒の定員は、建設機械技術課程が一二名、建設機械整備課程が一八名、土木測量及び電気課程が各々一〇名であった。

建設機械技術課程と言えば、何となく大仰に聞こえるが、要はブルドーザーやクレーン、グレーダー、ロードローラー、コンプレッサー等、土木建設に係わる全ての機械の操作操縦と基本整備、そしてその運用に関する事を履修する課程である。通称は操縦科と呼ばれ、操縦イコール運転手というイメージから、当時悪質で乱暴なタクシーを雲助タクシーと称した事や、江戸時代に街道筋で雲助と呼ばれた悪徳駕篭かきを捩《もじ》って、他の科の連中から〝クモスケ〟と呼ばれた。だがこれは、一番上品でスマートを自認していた我々としては少々心外であった。

その〝クモスケ〟に対して、整備科はつなぎの作業服で常に油まみれ故に〝アブラムシ〟、土木科は〝ケンセツ〟、電気科は〝デンキヤ〟とお互いに呼び合った。

施設学校の校歌に、『野に伏し進み橋を架け　築城爆破また渡河の　施設の技を鍛えんと　我等は集う今ここに』というくだりがある。

施設科の使命は築城・爆破・渡河の三つであり、建設と破壊という二律背反的な行為と、河川に架橋したり、河川湖沼等で人員装備を渡すのが主な任務となる。従って直接戦闘に加わる事が少ない技術集団である。

明治の近代戦争以来、工兵は困難な状況下に於いて縁の下の力持ち的存在であり、没我精神こそがその真骨頂で、そこに工兵の誇りがあった。

第二次世界大戦において、ノルマンディーで連合軍の上陸を阻んだ、高くて頑丈なコンクリート構築物やトーチカを破壊すべく、身命を賭して任務を遂行する工兵の姿をアメリカ映画で観た事がある。

工兵は戦場における陣地構築や後方支援の任務もさることながら、敵味方の弾丸が乱れ飛ぶ最前線で、身に自らを護る武器一つ持たず、味方の進撃の為に、渡河作業や障害物等の除去に当たる重大な任務があり、強靱な肉体とそれに勝る精神力が必要とされる。かのダグラス・マッカーサーも、工兵隊出身である事を常に誇りにしていた様だ。この、最前線で味方の為に命を賭して戦う施設科部隊を我々は通称戦闘施設と称した。私はそれとは少し異なる建設機械専門の技術職であったが、施設科の基本精神は同じである。

自衛官は陸海空問わず、特に曹や幹部になると、各種専門の教育機関に一定期間入り教育を受けなければならない、これを入校と言う。自衛官は定年まで常に勉強勉強である。

施設学校には、生徒課程の我々第九期生五〇名の他に、幹部学生の諸課程や、一般部隊から選抜されて陸曹教育隊を経た、三等陸曹任官直前の陸曹候補生の最終教育課程が幾つか有った。年齢的に一七、八歳の我々生徒に比べ、他の学生は二〇歳半ば過ぎから三、四〇歳代の人がほとんどであった。そこで我々の区隊長から若い生徒隊の存在を誇示させる為に、毎朝上半身裸で駆け足を命じられた。

「第九期施設生徒ーっ、ナンバーワン、ナンバーワン、ナンバーワン、歩調ー、数えっ、一・二・三・四、一・二・三・四」

特に学校本部前は、学校長に届けとばかり大声を振り絞って走る。真冬は特に辛い。外気が氷点下一、二度の中を走ると、体感温度はその倍にも三倍にもなる。筑波颪の寒風が、肌に突き刺さり痛みを通り越して無感覚になり、走り終わると全身が紅潮して湯気が立ちのぼった。

「他の学生は下着をつけて走るのに、俺達生徒だけが何で裸なんだよ」

時々不満の声も上がったが、「ナンバーワン」と叫びながら走った効果が出たのか、或いは若さ故か、各学生対抗の競技は全て好成績であった。

私も、柔道大会の団体戦で大将を務め、決勝戦で相手チームの大将を内股一本で破り、生徒隊の優勝に貢献した。

一期上の第八期生は我々と入れ替えに一年間の部隊実習に出ていて、最早顔を会わせる事も無い。

階級は一等陸士であるが待遇は概ね陸曹並となり、食事は陸曹食堂で摂ることができ、食堂前にズラッーと並んでいる一般陸士隊員達を横目に、肩で風を切って食堂に向かった。施設学校の食事は美味で内容も良く、少年工科学校時代に比べれば雲泥の差であった。水戸に近い所為もあって藁に包んだ納豆を山積みしてあるのが印象的であった。

建設機械技術課程と雖《いえど》も、始めは施設科の基礎訓練がある。まず、土木作業の必需品である、円匙《えんぴ》（ショベル）と十字鍬《じゅうじしゅう》（ツルハシ）の使用法。要するに演習場でひたすら穴を掘り、それを埋めるだけの訓練である。これはもうほとんど体力の練成訓練であった。

ノコギリや金槌、ハンマー、木槌の使い方。これも丸太をひたすら挽き切り、まっすぐクギが打てる様に只ひたすら金槌を振るい、又、木槌で杭を打つのである。握力と腕力の練成には最適であった。

そして、丸太を手斧《ちょうな》（昔の大工道具の一つで、柄の曲がった鍬形のおの）で角材にする訓練。丸太を組み足場を造り、その上で命綱一本で行う高所作業訓練。重心を見極めてとにかく重い物を運ぶだけの重量物運搬訓練等々、全く機械を使用しない訓練から始まった。

陸上自衛隊の施設科には円匙の使い方にも法則がある。円匙の持ち方が右手右足を前にした場合は「右手前」、その逆は「左手前」と言う。すくった土を水平前方に投げる場合を「水平投土」と言い、掘った穴が深くなれば、当然土は下から上の方に投げるので「垂直投土」となる。

作業時の指揮官の号令は「作業始めえ、水平投土、右手前」という風に掛けるのである。これは多人数での作業を統制すると同時に、事故を少なく効率を高める為である。

そして、この手の訓練を受けていない他の職種、例えば普通科（歩兵）の隊員を指揮下に入れて作業する場合の工事見積りは、施設科隊員を一とすると普通科隊員は〇・七に計算する。土木建設作業においては、いくら馬鹿力があっても他の科の隊員は〇・七人前なのである。

重量物を大勢で運搬する時も、

「いいか、いいか、ちゃんと持ったか、それじゃあ上げるぞ、せえの、それっ」

ではなく。

「持ち場につけえ、上げる用意、あーげ、いーち、に」

と号令を掛ける。自衛隊の施設科は「とうちゃんの為なら、えーんやこーら」式の民間土建屋さんと、ここがまず違うのである。

……だがまあ、こんな事は威張る程の事ではない。


これらの基礎訓練が終わると、次に、測量基礎、建築構造物、橋梁、爆薬、地雷と言った課目を履修して、いよいよクモスケ科本来の車両や機械の操縦操作と基本整備に進んだ。まず、教場でそれぞれの教範を元に教官のレクチャーが有り、構造と基本整備を学び、その後実際の操縦操作に移って行く。

装輪車両（ダンプカー）から始まり、ブルドーザー等の装軌車両、グレーダー、クローラークレーン及びトラッククレーンとその全てのアタッチメント操作、コンプレッサーとその全てのアタッチメント操作、ロードローラー各種、二〇屯トレーラー等々を履修していった。昭和三〇年代から四〇年当時の自衛隊の機械はどれも古く、米陸軍工兵隊からの払い下げと思われる機械がまだ多数有った。

我々は、三年生の後半から四年生後半にかけての、約一年間の隊付実習時にこれらの免許をほとんど取得したのであるが、その中で装輪車つまり大型自動車免許だけは隊内で取る事が出来なかった。

通常、自衛隊の車両ドライバーは、隊内の自動車教習所に於いて免許を取得し、併せて通称MOS（モス）と呼ばれる隊内特技をもらい、それで初めて自衛隊の車両を動かす事が出来るのである（MOSはMilitary Occupational Specialty の略）。

私達はクモスケと呼ばれはしたが、車両ドライバーになる訳では無く、MOSは建設機械技術であった。したがって、施設科技術陸曹としての基礎知識を得る為に一応装輪車のカリキュラムは組まれていたが、免許までは取らせる時間も予算も無いという訳である。

それならば、と一二名の同期生は実習先の部隊から古いダンプカーを一台借り受けて、自分達で近くの演習場にコースを造り、課業外や土曜、日曜に教官や助教の協力を得て免許取得の為猛練習を開始した。元々施設学校で基本的な事は履修していたので、比較的短期間の練習で試験を受けられる事になった。

実習部隊がある福岡県の運転免許試験場に試験車両持ち込みの許可を得て、部隊から借りたダンプカーを持ち込んだが、かなりの老朽車である。ハンドルは現在の様にパワーステアリングではないので大変重い。ギアチェンジに至っては全てダブルクラッチを使わなくてはならない。始めの内は減速時のギアチェンジになると、いつもガリガリと大きな音をたてて助教に怒鳴られたものである。

運転免許試験場では、まず試験官がその車で試験場コースを一周試乗して、降りて来るなりフーと息を吐き、

「いやあ、自衛隊さんは今どき物凄い車に乗っておられますなあ」

と驚いていた。

何しろ試験場の大型トラックはクランクやS字カーブを一回で軽く廻るのだが、我々が持ち込んだダンプカーは必ず二回以上の切り返しが必要である。慣れと腕力が無い者にはチョットきつい代物であった。

しかし我々は日頃の猛練習で培った技と、もう一つの秘策を持っていた。

「誰某、只今より乗車します。乗車。エンジン始動。エンジン始動よし。計器類よし、右よおし、左よおし、後方よおし、前方よし、発進」

「只今っ、時速四〇キロメートル、制限速度よおし」

「前方踏切注意、一旦停止、サイドブレーキよおし」

試験場全体に隈無く響き渡る程の大声で、怒鳴る様に行う喚呼《かんこ》操縦である。恐らく隣に座っていた試験官も、余りの喧しさに思わず耳を塞ぎたくなった事であろう。それが合否の判定を微妙に狂わせた、と私は信じている。その結果、皆、見事合格を果たした。

その後、各種大型特殊免許や大型牽引免許は、駐屯地に試験官を招き、訓練場の即席試験場で受験してこれも見事合格した。この時も秘策中の秘策である更なる大声の喚呼操縦で、試験官の判断を大いに狂わせた事は間違い無い……？

施設学校での教育は、技術や技能の修練は当然の事としてその根幹は没我精神であった。これは味方の勝利の為には我を犠牲にすることは厭わないという崇高な精神で、生半《なまなか》な事では培うことが出来ない、人間としての究極の愛の精神であると私は思った。

旧陸軍からの歴戦の工兵将校で、米陸軍工兵学校への留学経験が有る、長身痩躯の施設学校長の、我々生徒に向けた訓辞の中でこんな内容を記憶している。

「親を大切にせよ。遠く離れていても常に便りは欠かすな。親の愛情というものは諸君の思っている層倍も深いものだ。私にも丁度諸君達と同じ年頃の息子がおる。その息子がまだ赤ん坊の頃、何日も便が出ずに泣いて泣いてえらく苦しんでおった。腹は固くパンパンで、糞詰まりで死ぬのではないかと思った程だった。その時私は思いきって、息子の尻に口をつけて吸うてやった」

その時最前列にいた私は、思わずウヘッとした顔をしてしまった。

「ああ、確かに諸君はウヘッと思うだろう。当然である。いくら我が子でも汚く不衛生であることは十分分かっておる。しかし、我が子が苦しんでいるのを見て、親は汚い等と言うてはおれんのだ。何とかしてやりたい、自分の事等どうでも良い、出来うればその苦しみを替わってやりたい。……その様に親というものは、真から子供の事を思って育てるものだ」

これこそ没我精神の発露であろうか……。

早駆け前へ

真夏の炎天下。完全武装の重い装備を背負い、歩く、歩く、歩く、そして又歩く。身体中の汗腺から汗が噴き出し、それが灼熱の陽光に炙られて、戦闘服にまだらな灰白色の汗の結晶をつくる。撫でるとざらりとした不快な感触が指先に伝わり、その指を舐めると微かに塩辛い。汗を滴らせ、それでできた塩を身体に纏わせて、只ひたすら歩くのが耐熱行進である。

又その対極に、極寒の冬期、夜通し寒気と睡魔に耐える為の訓練として耐寒行進があった。ここにも、進軍でもなく行軍でも無い、行進というところに自衛隊の置かれた微妙な現況がある。

話は一年生の時にさかのぼる。前期課程におけるこの種の訓練はまだ序の口であったが、一月下旬から二月の初旬にかけて行われた耐寒行進は初めての事でかなり困憊した。

訓練はまず、昼間からの準備と、夕方の細々《こまごま》とした隊装検査から始まる。乙武装と言われる全重量一〇数kgある個人装備を着けた完全武装での行進である。教育隊長以下、各区隊長と助教が生徒一人ひとりの前に立ち点検を進めて行き、不備な所を直し、点検が完了して予定の時刻になると粛々と学校を出発する。

一般道に出ると一〜二列縦隊で黙々と歩く。行進速度は概ね時速四㎞である。一時間歩いては五分〜一〇分の小休止がある。薄暮の内は、まだ辺りの景色が見えるので少しは気も紛れるが、やがて夜の帳《とばり》が完全におりて暗闇が支配する頃になると、数歩前を歩く同期生の背中で揺れる背嚢を見つめながらの単調な行進になる。

比較的温暖な三浦半島だが、その日は少し雲行きが悪く、夜半近くになると風花が舞った。そんな時銃は銃口を下に向けて肩に吊し、夜間行動の為音がしない様に布で巻いておくのである。特に叉銃鐶の辺りは一番音がするし落としやすい為入念に巻いておく。

まだ歩き始めの頃は元気があり、小休止時には同期生と小便の飛ばしっこ等をしてふざけていたが、次第に夜が更けて疲れが出てくると、小休止の号令が掛かるや否やその場にへたり込んだ。午前二時〜三時過ぎが疲労のピークである。時々前方や後方で「ガチャン」と大きな音がする。

「おい、大丈夫か、怪我はないか、……眠りながら歩くな」

助教の押し殺した声が聞こえる。誰かが歩きながら眠り、道路の側溝に落ちたのだ。

「歩きながら眠るな」

前方から伝言が届き、後方に伝えようと振り返ると、後方の者の足取りが少しおかしい。

「おい、後方に伝言、歩きながら眠るな。いいな、歩きながら眠るな」

後方の生徒は慌てて我に返り、伝言を更に後ろに伝え、背嚢を揺すりあげて距離を詰めてきた。当然私にも睡魔が襲ってきた。元々私は何時《いつ》でも何処《どこ》でも、すぐに眠ってしまう悪癖がある。もしかしたら、ナルコレプシーという病気であるかも知れないと思っている程である。

自慢にもならないが、式典等で立ったまま眠り、膝の力が弛み腰砕けになりそうだった事も幾多ある。だが、歩きながら眠ったのはこの時が初めてであった。

眠るな、眠るな、と自分に言い聞かせながら歩いていると、いつしか意識がフーと異次元に飛び、ハッと気が付くと、前の者との距離が二、三メートル程開いて側溝に落ちかかっていた。後ろの者はと見ると、又これも朦朧とした状態で歩いている。

「おい、列をつめるぞ」

時々朦朧状態を振り払う様に、前後で声を掛けあって歩く。そして又しばらくすると半覚醒の状態で歩いた。

旧陸軍では、戦地での行軍において脱落は死に繋がっていたそうだが、生徒隊の行進訓練では、脱落すると最後尾からカーゴ（輸送用トラック）が付いてきて脱落者を収容して行く。しかし、そのカーゴには絶対乗る訳にはいかないと歯を食いしばり、黙々と歩を進めて行った。

後期課程の施設学校での耐熱行進は激しいものであった。

例によって、汗でできた塩を身に纏い、時々それを舐めては塩分を補給……否、塩分を還元しながら、やはりひたすら黙々と歩く。自衛隊三年目ともなると、重武装で四〇キロや五〇キロ歩いたってどうってこともない、という自信もついてくる。だが年々厳しさを増す行進訓練では、後半になると暑さと疲労の為、体力の消耗はやはり加速度的にやってきた。

「宿営地まであとわずか一キロ程だぞお、それ、がんばれっ」

何故か楽しげに、そして少し嗜虐的な表情で助教が声を上げた。精魂尽きてヘトヘトになりかけていたが、この一言で俄に元気が蘇ってきた。すると数分後、それを見越した様に、

「前方九五〇m敵発見、戦闘ヨーイ」

区隊長から突然の号令が掛かかり、助教の表情の意味を悟った。

「早駆け前へーっ」

肩に吊っていた銃を素早く胸の前に持ち替えて戦闘姿勢をとり、身を低くして背負った装備をガチャガチャいわせながら、兎に角走る。

「伏せえっ」

その場に犬の糞があろうと猫の糞があろうと、はたまた、汚い水溜まりがあろうと伏せる。……とまあ、それは建前で本当はチョコッと避ける。当たり前である、その位の知恵は私にも少しはある。

「早駆け前へっ」

間を置かず又号令がかかり走る。

「伏せっ」

又伏せる。ここでの戦闘の基本は小移動である。伏せた後再び次の行動に移る時、遮蔽物又は

窪地等を利用して小さく移動しなければならない。伏せた同じ場所からそのまま立ち上がれば、敵からの狙い撃ちになるおそれがある。それ故、左右前後いずれかに少し身体を移動して次の行動に移る。これが小移動であり、まあ、訓練を受けたプロ？　の動きである。

しかし、この状況にあっては、如何に鍛えられたと雖も最早体力は限界にきている。結構重い装備が足枷となる。バタッと倒れる様に伏せると、背嚢の重みが肩から背中に移動し胸を圧迫する。

四・六kgの銃が腕にこたえる。少しでも休もうと出来る限り動かずにいる。もうプロの動作も糞もない。

しかし又すぐ早駆けの号令が掛かる、

口の中がカラカラになり咽喉がひりつき、唾液を出そうとするが出ない。皮肉にも水筒の水がチャプチャプと音をたてるが、ここで飲んでいる閑はない。

必死に立ち上がろうとするが立ち上がれない者もいる。

「おい、行くぞっ、頑張れっ」

勿論、この場合はヘルメットを叩かれて戦死！　とは言ってくれない。

「なにくそっおお、うおおっ」

腹の底から喚き、自分に気合を入れる。何かを吐き出しそうになるのをこらえ、気力を振り絞って大地を蹴り、立ち上がり、走る。勇猛果敢にと言いたいが、少しヨタヨタと。

「敵は前方一五〇メートル、突撃用意」

最後は匍匐前進をして突撃位置につき、銃に着剣し、

「突撃にィ、進めえっ」

吶喊しながら、松林の中の見えぬ仮想の敵に向かって必死に銃剣突撃を敢行する。


この銃剣突撃について――司馬遼太郎氏の小説「坂の上の雲」に、戦闘には「型」があるという意味の記述がある。

『日本軍が陣地攻撃にあたって銃剣突撃を繰り返すのは、日本軍の戦闘の「型」で、この様な戦闘形式は日露戦争終了後できて、それは滑稽なことながら太平洋戦争まで続いた』、と。

だが、昭和三八年～昭和四一年当時の我々も、突撃訓練のみに限って言えば、多少なりとも旧陸軍の伝統ある「型」を踏襲して訓練を行っていたといえる。


日陰者等と言われ、世界に類をみない、戦う事を事実上禁じられた戦闘集団に身を置き、松の木と銃剣を交える白兵戦を演じながら、

(いったい俺は、これで良いのだろうか……)

荒い息の下で、気持ちの中に少しのブレが生じた。

「状況おわーり。状況ー、おわーり」

私は大きく深呼吸を繰り返し、微かにアルミの味がする生ぬるい水筒の水を飲み、まだ日が高い真夏の夕空を仰いだ。

すると、突として、入隊した年の初夏の夕暮れ、助教として赴任してきた三期生のT三曹の熱い檄が私の脳裏を過ぎった。

「聞け！　九期生。お前達の此の頃の生活態度は少したるんでいるぞ。いいか、戦後一八年、赤や黄色の派手な原色の服をチャラチャラと身にまとい、男か女か分からない格好をして、脳天気に浮かれ騒いでいる若者が多くなった、この現代日本に於いてー、もしっ、不幸にもこの国に仇なす事態が起こった時。慈しみ育ててくれた父や母、愛する兄弟姉妹達、そして自らの名誉と、この美しい我らが郷土を守らんとお、一五、一六歳にして自らを律し、日々辛い訓練や生活に堪え忍び精進している、わずか一握りにも満たない気高き若者達が、この国の片隅にいてもいいじゃあないか！」

課業後、夕映えの営庭に立つ小柄で端整な顔立ちをしたT三曹の、キラキラとした眼差しは真っ直ぐで少しの迷いも無い様に見えた。

助教カネさんの教え

自衛官は言わずと知れた体力勝負である。体力の基礎は足腰である、したがって自衛隊ではその鍛錬の為に何かにつけて良く走った。

毎朝の駆け足から課業中の部隊の移動、訓練や体育はもとより、懲罰によるもの迄含めると一日として走らない日は無い。

しかし、それだけ走っていても尚、課業外のグラウンドを一人黙々と走っている同期生もいた。その比叡山の回峰行を行う行者の様な姿勢は感動的ですらあるが、怠け者の私にはそこまでの克己心は無かった。

そんな日頃の鍛錬の成果を計る物差しに体力検定があった。それは一般の学校で行うものと大差は無い。唯一変わっているものと言えば、五〇m土嚢走という陸上自衛隊ならではの種目があった。

これはスタートライン上に置いた五〇kgの土嚢を、ヨーイドンで持ちあげて五〇mを走り、そのタイムを測定するものである。五〇kgの土嚢はかなりの重量で、小柄な生徒の体重位はある。当時体重六七kgの私も、始めは腰迄持ちあげるのが精一杯で、それで走ろうとすると足がもつれてなかなか前に進む事が出来なかった。

だが、ほとんどの者が、半年一年と経つ内にヒョイと五〇kgを肩に担ぎ上げ、五〇mを走る事が出来る様になった。鍛錬の賜物である。

中には初めから軽々と土嚢を担ぎ疾走する者もいた。驚いた私が訳を聞くと、郷里の実家が農家で中学生の頃から米俵を担いで手伝いをしていたからだと笑った。米俵一俵は約六〇kgである。

検定の中で、短距離走については中学時代迄私は野球をやっていて、少しは速い方だと自信は有ったのだが、入隊当初の体力検定の結果余りに悪いタイムに愕然とした。これは高校で一年間柔道をやり、がに股になってしまった所為に違いないと私は自らを慰めた。

まあそんな事で、短距離もたいしたことがなかったが、私が特に苦手としたのは一五〇〇m走等の中長距離であった。

さらに、体力検定の種目には無いが、季節が涼しくなると必ず行われるのが持久走で、当然私はこれが大嫌いであった。そして、唯一これでズルをした。

陸士長に昇進した四年生の隊付実習時（この年の春、私は高校の通信課程を卒業した）の事である。一ヶ月後に行われる駐屯地持久走大会に備えて全部隊の合同練習が始まった。全部隊と言っても、第×施設団本部と施設科部隊一個大隊と一個ダンプ中隊、そして業務隊があるだけの北九州の小さな駐屯地である。私達建設機械技術課程一二名は、ここの施設大隊本部管理中隊付きで実習を行っていた。教官は器材小隊長の肥後二尉、助教に老練な小隊陸曹の中村二曹であった。

持久走は駐屯地周辺の田舎道一〇㎞で行われ、練習も大会も同じコースを走った。

一回目の練習は私も少し頑張り、順位も上位でなんとか生徒としての面目も保てた。一週間後、二回目の練習が終わりトイレに行くと、コーヒー色の血尿に似た小便が出た。それに吃驚した私はどっと疲れをおぼえ、三回目は何とかズルしてサボッてしまおうと考えた。わざわざ診察を受けるのも大袈裟だと思ったからだ。

三回目の練習日の前日、仲が良かった山形県出身の富塚生徒に誘いを掛けた。

「おい、富塚、明日の練習だけどな、俺、何だか過労気味だからサボるぞ、お前も一緒に付き合え」

「ええっ、サボるって、……いったいどうやって？」

「他の連中には絶対言うなよ。あのな、……まずは何時も通りみんなと一緒に営門を出る。出来るだけ後ろからな」

「……それで？」

「途中、西鉄の駅の横を通るだろ、あそこは道がカーブになっていて生け垣に囲まれている。あそこまで出来るだけ後ろを走り、前後を確認して生け垣にサッと入り込む」

「うーん」

「あそこは結構道から死角になっているので入り込んでしまえば外からは見えん。それで、駅に入って、売店で牛乳でも飲んで時間をつぶして、みんなが走り去った後駐屯地方面に逆走して、警衛に見つからない様に営門の前を走り抜ける」

「警衛に見つからない様にか、大胆だなあ。それからどうする」

「駐屯地の向こう側の演習場に、松が生えてるチョット小高い丘があるだろう。あそこに登ってみんなが走って来るのを待つ。そして適当な所で後ろの方にうまく合流して部隊に帰る」

「うーん、しかし、矢っ張り警衛がなあ」

「確かに警衛はネックだが、今度の警衛はダンプ中隊だ。あそこには先輩もいないし、だいいち俺達の顔を知らんはずだ、仮に見つかっても何も言わんよ」

富塚生徒はどうやら興味が湧いてきた様で、

「うん、うん、そうかあ。そうだな。たまには悪さも面白いな。……もう一つ質問、駅で誰かに見つかったら？」

「簡単だよ、便所、連れションですって言えばいいさ。どうせ練習だし土曜日だ。真面目にやる事はない」

「そうかあ、なんかスリルがあんなあ。よし、やろ、やろ」

斯くして、私の悪巧み通り二人は実行した。首尾良く駅の中に走り込み売店で牛乳を飲みあんパンまで食べてしまい、そっと逆送して警衛にも咎められず営門前も通過できた。そして、演習場の丘でのんびり寝ころんで休み、下の道を駆け抜ける隊員達の数を数え、頃合いを見て首尾良く後ろの方にうまく合流して、一応疲れた顔をして部隊に帰った。

この何とも自分自身でも卑劣と思う行為に多分の後ろめたさはあったものの、二人は大きな悪戯をして大人の鼻を明かした悪童の様に密かに成功を喜びあった。

次の練習日、

「おい、今日はどうする？」

富塚生徒が目をキラキラさせて言ってきた。

「うーん、そうだな。今日も状況次第で作戦実行といくか」

例のごとく営門を走り抜け、二人が前後しながら西鉄の駅にさしかかり、私が先に生け垣の蔭に入ろうとすると、富塚生徒が慌てて引き留めた。

「おい、ヤバイ、ヤバイ、チョット待て、後ろからカネさんが来よるぞ」

足踏みをしながら振り向くと、いつの間にか少し後ろに、我々が仲間内で親しみと敬愛を込めて、カネさんと呼ばせてもらっている助教の中村兼夫二等陸曹が走って来た。いつも仏様の様な半眼の優しい眼差しをした朴訥で温厚な慈父の様な人である。

「なんだよ、さっきまではおらんかったのに、まずいな……よし、このままカネさんに先に行ってもらって、駅はもう過ぎちゃったから又適当な所を見つけてズラかるか」

そう言い合って、私達は後になり先になり様子を窺いながらしばらく走っていたが、どうゆう訳か、カネさんは私達二人の後にピタリとついてくる。

「助教、先に行って下さい」

たまりかねて、私が助教に並びかけて言うと、

「おう、お前か。……いんや、今日は何か知らんばってん、無性にお前達二人と走りたかとよ。俺は後ろから何とかついて行くけん、お前達こそ俺の先ば行け」

「……はあ?」

私は仕方なくカネさんから離れて、少し前を走っていた富塚生徒に追い付き、併走しながら時々後ろを振り向くと、カネさんは空惚けた顔をしながらついてきて、目が合うとニカッと笑う。

「おい、どうやらばれた様だぞ」

二人して速度を落とし、又後ろを振り向くと、

「おーいお前達、そげん俺の事ば心配せんでよかぞ、はよ行かんか」

やはり完全にばれた様だ。

これは後で何らかの譴責があるに違いない。私達はそう覚悟して一〇㎞を走りきり、助教がゴールするところを二人並んで迎えた。

「助教、ご苦労さんでした」

私と富塚生徒は揃って敬礼して不動の姿勢をとり譴責を待った。

因みに「ご苦労さん」は、敬礼する時の陸上自衛官の常套句である。

「ああ、ご苦労さん。やっぱり一生懸命走った後はすっきりして気持ちがよかねえ。はははは、なーんか、なんばしよっとかお前達は。そげん所に突っ立っておらんと、早う風呂でもいかんか」

中村助教はニッコリと微笑まれた。

天網恢々疎にして漏らさずと言う。しかし、天罰も下らず譴責も無かった替わりに、私は耐え

難い羞恥心と共に、カネさんのニッコリがとても心に重く響いた。

敵前上陸大作戦

「只今より、筑後川に於いて渡河作戦訓練を執り行なう。これより我が大隊は、筑後川を渡河して敵前上陸を敢行し、対岸の敵に対し激烈なる攻撃を行い、これを殲滅せんとす。諸官の奮励努力を望む」

少し時代がかった口調の大隊長の声が、漆黒の闇の中で静かに響いた。

筑後川から一km程離れた集結地に夜間行進で到着した第一〇×施設大隊は、ここから折り畳み舟艇を担いで河岸迄移動し、隠密裏に舟艇を組み立てて乗り込み、川の向こう岸に敵前上陸を敢行して敵を殲滅する。これがその時の渡河作戦訓練の概要であった。

私はこの時、実習部隊の第一〇×施設大隊本部管理中隊の一員として同期生一一名と共にこの訓練に参加した。

本来の施設科の渡河訓練は、橋を架けたり、舟で造った門橋といわれるもので兵員や車両、重火器等を渡したりするのであるが、この時は渡河訓練というより敵前上陸を想定した大戦闘訓練であった。

救命胴衣を着けた上に銃を斜めに背負い、折り畳み舟艇を担ぐ。木と厚いゴムで出来た折り畳み舟艇は通常前後二つに分かれている。前の尖った部分を尖形《せんけい》舟、後ろの部分を方形《ほうけい》舟と呼びこれを繋げて一艘の舟にする。それぞれの重量はほぼ同じで、共に通常は八名で担ぐ。しかし私達生徒は一二名である。そこで中隊長から、生徒隊班は若くて元気が良いからそれぞれを六名で担げと命令が下る。六名で担ぐと一人の肩にかかる重量はかなりのものになる。

「イチ、ニー、イチ、ニー」

私達はうなる様な掛け声を掛けながら、一㎞程の暗いデコボコした田舎道を部隊の先頭をきって進んだ。

第一難関は筑後川の高い土手であった。土手の下で一旦舟を下ろし呼吸を整える。

「よーし、第九期施設生徒、行くぞ。上げる用意、上ーげ、イーチ、ニイ」

気合いを入れ直して再び担ぎ、土手を上る。足元の芝草が夜露に濡れて、ズルッ、ズルッと滑る。低く声を掛け合いながら慎重に慎重に上る。少しでもバランスが崩れると全身に押しつぶされる様な重圧がかかってきた。歯を食いしばり、何とか急な斜面を乗り越えて、休む暇も無く真っ暗闇の河原で素早く舟を組み立てる。舟を担いで来た事で体力の消耗は激しいが、これからが本番である。筑後川はたっぷりと水を湛えて、ゆったりとした黒い流れを見せていた。上流に舳《へ》先《さき》を向けて舟を浮かべ、舳先と艫《とも》の舫綱手《もやいづなしゅ》がそれぞれの綱を引きつけて安定させ、予め河岸に運び込まれていた舷外機を取り付けた。班長役の鹿児島県出身の坂元生徒が声を抑えて号令をかける。

「生徒隊班、点呼をとる。番号、始めっ」

艫の舫綱手の私が最後の一一番だ。

「一、二、三、四、五、六、七……」

八番の声が掛からない。

「八番、おいっ、八番どうした」

すると、片膝をつき舫綱を引き付けていた私のすぐ近くで激しく水を掻く音がした。

「あっ、誰か川に落ちたぞ、誰だ」

「八番だ、山本だ、艫の方だ、早く手をかせー」

暗い淀みに沈みかけていた山本生徒を素早く引き上げると、

「ゲホッゴホッ、ハアハアハア、ゲホッ、ヒャーもう少しで死ぬ所だった。ゲホッ、ハアハア、クソッ、暗くて何も見えなくてよお、そこの辺りで、泥に足を取られて川の中にずんぶり入っちゃったよ。この辺りはいきなり深くなっとるぞ。この救命胴衣はだめだ、かえって水を吸って全然浮かねえ」

山口県出身の山本生徒は少し水を飲んだ様だが元気そうであった。しかし、少し発見が遅れていたら殉職していたかもしれない。

この数年後、後輩の一二期生が訓練中一三名も殉職するという痛ましい事故が起こった。日中の戦闘訓練中、学校内の溜池で渡河訓練を行っていた時の惨事と聞いた。マスコミの報道では詳細はわかり得なかったが、その報を聞いた時私は、自分たちが経験した実戦さながらの筑後川のこの訓練を思い出した。そして、その時用をなさなかった山本生徒の救命胴衣の事が脳裏を過ぎった。

その後、山本生徒はそのまま舟に乗り込み、ずぶ濡れのまま寒さに震えながら櫂を握った。水を吸った救命胴衣が重そうであった。

舫が離れ、最後に舟を押出しながら私が飛び乗り、全員で低い号令を掛けながら櫂で川面を掻く。闇を透かして見ると、時々白波が立つ暗くゆったりとした川の流れに逆らいながら、一〇数隻の舟艇のシルエットが静かに渡っている。

始め我々の舟は少し遅れ気味であったが、息の合った櫂捌きで川の中程で先頭集団に追い付いた。するといきなり、「ポーン、ポーン」と照明弾が上がり、それが川面に反射して、辺り一面朗々とした満月が二つ出た様な明るさになった。それを合図に、対岸の数カ所から激しい機関銃の音と共に閃光が弾け飛んだ。

「ダダダダ」「ダダダダダ」

弾は飛んで来ない。……空砲である。

「吊り星が上がった。発見されたぞ。櫂納めーっ、舷外機をかけて突っ込むーっ」

静かに隠密行動をとっていたが最早これまでである。各舟艇は舷外機のエンジンをかけ、フルスロットルにして対岸に向かって突き進んで行く。中には、なかなかエンジンが掛からず流されて行く舟も見える。闇の中で静かな流れを湛え眠っていた筑後川が、一転して銃声とエンジンの爆音と怒号で凄まじい騒音に満ちた。

「そのまま、そのまま真っ直ぐに突っ込めーっ！」

岸に乗り上げた舟から身を低くして飛び降りて、ゴツゴツとした石が無数にころがっている河原の窪地に伏せ、或いは、大石の蔭に身を寄せて射撃姿勢をとり、バリバリと撃ってくる敵の機関銃座に向かって銃の引き金を引き絞る。

「バン」

……だが、我々の銃から銃声はしない。勿論、弾も出るはずは無い。

「バン、バーン」「バン、バン、バーン」

各々、口で言うのである。

自衛隊は薬莢一〇〇％回収である。一発でも回収出来なければ、見つかるまでいつまでも探し回らなければならない。したがって、この種の訓練の様に動きの激しい攻撃側の薬莢回収は困難である。故に攻撃側への空砲の支給は無い。何とも締まらない話しではあるが、「バン、バン」と言いながらクモスケ生徒隊の精鋭一二名は勇ましく進撃する。

「右前方、一時の方向っ、距離五〇ｍ、機関銃座を制圧するっ、一組前へっ、二組右翼へ廻れぇ、三組現在地より、援護ーっ」

班長役が声を嗄らして叫ぶ。

雑草と灌木が無秩序に生い茂った石と砂礫の河原を匍匐で進むと、耳を劈く機関銃の銃声が更に響く。どうやらこの機関銃が、演習の予算の粗方を使って空砲を派手に撃ちまくっている様だ。それを思うと何故か無性に腹が立ちムラムラと敵愾心が湧く。

そんな気持ちを断ち切る様に班長役の坂元生徒が怒鳴った。

「目標変更、攻撃目標変更、攻撃目標ーっ、土手の上。距離七〇m、突撃ヨーイ」

皆、草叢に伏せたまま腰の銃剣の鞘をはらい素早く着剣する。

「三番突撃準備よし」

「六番よーし」

そこここから準備よしの声がかかる。

「よし、いくぞ、生徒隊っ。突撃にィ、すすめえっ」

最後の力を振り絞って吶喊しながら土手に向って走る。

攻撃目標を変更したのは、敵側の機関銃陣地に夜間着剣した銃を持って突撃行動をとるのは危険だからである。

芝草に足を取られながらこけつまろびつ土手を駆け上がり、それぞれが幻の敵兵に向かって銃剣を突く。

「うわーっ、やあーっ、やあーっ、やあっ」

世間には、これを戦争ごっこ等という人がいる。訓練は多分に危険を伴う。けっして〝ごっこ〟

や遊びの類いではない。人類の歴史は愚かな戦争の連続である。今日の日本は帝国主義の時代とは異なり、そう容易く戦争や紛争は起きないであろうが、くれぐれも油断は禁物である。今この時点に於いても地球上の何処かでそれは確実に起きている。従って何時何処で火の手が上がっても不思議ではない。そしてその火の粉が何時《なんどき》自分に振りかかってくるやもしれない。私はマハトマ・ガンディーの様な強靭な精神は持ち合わせていない。降り掛かる火の粉は払わなければならないと思っている。訓練はその備えである。

太平洋戦争開戦当時、最後まで日米開戦に反対し続けた山本五十六海軍大将は、

「百年兵を養うは、ただ国家の平和を護らんがためである」

という言葉を残している。又、水滸伝には

「兵を養うこと千日、用は一朝に在り」

とある。あらゆる危機に対処するには、常々万全の備えをしておく事こそが真の独立国家ではなかろうか。

最後は銃剣の剣先が定まらぬフラフラの状態であった。

この手の演習では当たり前の事だが、いつも我が方が都合良く勝利する。本当の戦いならば此方が倒される可能性は大きい。

息を整え、銃を腰だめにした残心の構えで土手の上から空を仰ぐと、東の方からうっすらと白み始めてきた。

「じょーきょーおわーり。じょーきょーおわーり」

発火信号が上がり、状況終わりの号令と共に訓練終了のラッパが鳴り響いた。今日も又、勝手に勝利の凱歌をあげた我ら精鋭クモスケ生徒隊は、一応に土手の上にへたり込んだ。

日の丸土建屋

当時の施設科部隊には自衛隊本来の任務の他に、もう一つ任務というより仕事があった。通称、部外工事と呼ばれていた民間への協力事業で、主に僻地僻村等の公共事業や、学校の敷地工事や拡張工事或いは道路工事等が多かった。現在は一部国連平和維持活動（ＰＫＯ）がこれに加わっている様である。

様々な建設機材を装備している施設科部隊は、部隊一つがさながら大きな土建屋で、この分野での民間の土建屋さんとの相違は非営利と規律である。

初めての工事実習は福岡県のO駐屯地から、助教の運転するダンプカーの荷台に乗って、日本三大松原の一つと言われる、佐賀県の虹の松原の中程にあるH町の学校敷地工事であった。

コバルトブルーの海に静かな渚と白い砂浜。それに連なる濃緑の松林が、ゆるやかな曲線を描き延々と続く風光明媚な所で、一日の作業が終わり海辺を逍遥すれば、工事で来た事を忘れてしまいそうな良いところであった。

ここはクレーンのショベルとドーザーを使う工事であった。しかし、到着した翌日は終日雨になり、以後三日、現場に重機が入れられず、退屈な教官のレクチャーに終始した。実習期間は一週間であった為、後の四日は泥まみれの工事になってしまった。


二回目は初夏の長崎県の僻村での工事であった。

幌付きダンプの荷台に取り付けた木製の座席は固いし、福岡から長崎迄の長時間のドライブでは尻が痛い。その上、幌には窓がないので暑苦しくてたまらない。そこで幌の両側を巻き上げて通気を良くして、荷台の床には各自いつも使用しているベッドのマットを敷き詰めて出掛けた。マットは長時間のドライブで疲れたら横になる為と、宿舎で使う為である。

荷台に寝転がる行為は、規律を重んじる自衛隊としては勿論好ましい事では無いが、日の丸土建屋のやんちゃな見習い社員がやる事である。多少の事は教官も助教も見て見ぬ振りをしてくれた。

狭い海峡に架かる、下を見れば目も眩む様な西海橋を渡り、小高い山間の道を通り、湖にも似た静かな入り江の小さな漁村に着いた。随分遠く迄来てしまったなと心細さを感じる程であった。

その集落から少し山に入り込んだ所が工事現場で、山を爆破して切り崩し谷を埋めて学校の敷地を造成する工事であった。コンプレッサーの鑿岩機で山の中腹の岩盤に幾つもの穴を穿ち、まず二本のダイナマイトをその穴に入れ、少し土を入れて長い竹の棒で突き固める。そして、その上から信管を差し込んだもう一本の起爆用ダイナマイトを入れて更に突き固める。竹棒で衝撃を与えた位で爆発する訳では無いが、余り気持ちが良いものではない。

初め我々が恐る恐る竹棒でつついていると、

「こら、生徒隊、もっと力を入れて突き固めんか」

作業隊の爆破係陸曹がニヤニヤしながら怒鳴った。

こうした発破作業の後、ドーザーを入れて山を切り崩して行く。

ドーザーは土を押す排土板（ブレード）を斜めにした状態をチルトドーザーと呼び、排土板を水平にした状態をブルドーザーと呼ぶ。

始めチルトにセットされたドーザーで、爆破された岩を掘り起こすのであるが、時々土や岩の色とは明らかに異なる、クリーム色をした粘土の様な物が排土板に付着してくる。不発のダイナマイトである。それを見つけると、黄色のヘルメットをかぶった安全係は警笛を鳴らして作業を中止させ、付着しているダイナマイトを取り除き小さく千切って谷底に投げ捨てる。

ドーザーはベテランのオペレーターが施工を行うが、一日の内時間を決めて我々も乗せてもらった。山の上の急な傾斜面から土や岩を押して行くと、当然ながら先端辺りは地盤がゆるく、ドーザーはその重みで、前部が谷底に向かってグッグッと傾く。そのまま転落するのではと始めは少々怖ろしい。しかしここまでやらないと先端辺りだけが益々地盤がゆるみ、雪崩の様な状態を起こす危険が生じる。そして、ここでバックする時うっかり排土板を上げたりすると、ドーザーは重力の均衡が崩れて谷底に転がり落ちる。すると、大抵は殉職二階級特進という余り有り難くない昇進となる。したがって先端では排土板はさらに下げ気味にして、前のめりのままバックするのがこの場合の作業の常識である。

ある日、師団隷下以外の独立施設部隊を統轄する施設団本部から査察官がやって来て、私が作業するドーザーの横に乗った。

例の如く、山の上から土を押して行くと、やはり先端で車体がググーッと前方の谷に傾いた。

「あぶないっ」

横で査察官が顔を引き攣らせて叫んだ。私はその声に驚いたが構ってはいられない。そんな事でモタついていたら余計に危ないのだ。いつも通り素早くギアチェンジしてドーザーをバックさせた。中程迄バックした所で、査察官は尚も顔を引き攣らせたまま怒鳴った。

「あ、あ、止まれ止まれ、ここで止まれ。おいっ、危ないじゃあないか、何であんな先端まで行くんだ。ひっくり返ったらどうするんだ」

「あ、はい、しかし、先端の土をドーザーの重みで踏み固めて置かないと、後で余計に危なくなります」

「……だが、だがお前達は、そんな事迄する必要はない！」

その日、我々の教官は査察官に、

「生徒に余り危険な事をさせるな」

と厳しく注意を受けた様だ。それを聞いた私達は、

「何を言ってやあがる。幹部のくせにびびりゃあがって」

ダイナマイトでびびった事等すっかり忘れて、口々に毒ずきながら一丁前の事を言い合った。そして査察官が帰ると、又、若さ故のチキンレースに似たドーザ作業に没頭した。

これまでの作業実習では、我々生徒は作業隊とは別に宿舎が割り当てられていたのだが、この時は村の公民館で、板張りの大広間に作業隊員達と一緒に寝起きを共にした。宿舎内は土建屋の飯場ではないので当然日課は隊内に準じ、ラッパは鳴らないが、日朝日夕点呼、朝礼、終礼があった。

ある夜、消灯時間近くになって、当直陸曹見習いに付いていた私の所に作業隊の古参陸士長が来て、

「当直陸曹見習いさん、あのーくさ、今から俺はちょっと出てくるばってん、心配せんでよかよ。日朝点呼には間に合う様に帰ってくるけん、よろしくたのむばい」

片手拝みにそう言うと、止めようとする私の声を振り切って公民館の外の暗闇にいそいそと消えて行った。私は、(ええっ、何だ、勝手に外出かよ、困ったなあ)と思い、

「××士長が、何かそのう、ちょっと出てくるからよろしくと言って、止める隙もなく勝手に外出してしまったんですが……」

一応当直陸曹の〇三曹に報告すると、

「ははは、そうね。ああ、よかよか、ありゃあな、夜這いに行きよっとじゃあ」

と笑っていた。長い工事の間、××士長は土地の娘さんとねんごろになったのであろう。

隊員の大方が身体強健な独身の若者である。ネオンまたたく所も遊びに行く所も無い僻地での長い工事ではストレスも溜まろうというものだ。一昔程前は、土木作業専門の荒くれが多い施設科部隊では、工事が長引き酒が入ると、些細な事で円匙や十字鍬を振り回しての喧嘩沙汰も珍しくなかったと聞く。多少の事は目をつぶるのが得策の様であった。

翌朝の点呼後、清々しい顔をした××士長は私と目が合うとニヤッと笑い、招き猫の様な敬礼をチョコッとした。

忙中閑有り。工事の休みに教官と助教そして我々生徒一同揃って、近くの七ツ釜と呼ばれる鍾乳洞へ観光に出かけた。工事現場には外出用の制服は持って来ていない為、全員がベージュ色のつなぎの作業服と、いつもの作業帽半長靴という出で立ちで、およそ観光地には不向きなスタイルであったが仕方がない。唯一のお洒落は臙脂色の薄いマフラーであった。臙脂色は施設科の職種カラーである。旧陸軍の兵科は一時期襟で色分けしていた様だが、自衛隊は部隊章の上部で色分けしてある。普通科（歩兵）は赤、機甲科は橙色、航空科は浅葱色、施設科は臙脂色といった具合である。したがって、それらの色のマフラーを隊員達は任意に使用していた。洒落者が多い我々生徒も、施設学校入校と同時にＰＸで購入して全員が持っていた。

その時は初夏の事でマフラーは少し暑い気もしたが、つなぎの作業服だけで観光地に行くには余りにも格好が良くない。皆、マフラーを首に巻き唯一精一杯のお洒落をした。七ツ釜に着くと、初夏の気温は一気に上昇して暑くなってきた。折角のお洒落のつもりであったが、他に観光客も見当たらないので、マフラーをはずして車に置き鍾乳洞に入った。

富塚生徒と私が殿《しんがり》になり、人が漸く立って歩ける程のヒンヤリとした鍾乳洞を中程迄進んだ所で、すでに先に行っていた教官や助教、同期生達が引き返して来た。

「おう、お前達、遅いじゃあないか、先に出てるぞ。何だ二人ともマフラーはずしてきたのか、奥は寒い位だぞ」

成る程、奥まで行くと冷気が強く、古い夏制服を改良して作ったつなぎの作業服では少々寒く、マフラーをはずしてきた事を少し後悔した。すると、その冷気が俄に小用を催した。鍾乳洞は所々に頼りない明りの裸電球が灯っているだけで二人以外は誰も見えない。薄暗い通路の片側に冷たそうな水が細流をつくっていた。

「おい、富塚、何だか冷えてきたな。俺、小便したくなってきたよ」

「うん、俺もだ」

「なら、ここにしちゃうか」

二人はチャラチャラと流れる細流に向かってのんびり連れションと相成った。スッキリとして鍾乳洞から外にでると、むっとした暑さが襲いかかって来た。先に出たみんなが水飲み場で美味そうに水を飲んでいた。フト横を見ると、その水は鍾乳洞の中の細流からのものだった。

「おーい、二人とも遅かったな、早うこっちへこんか、ここの水は冷たくてうまかぞお、お前達も飲まんか」

教官が水飲み場の柄杓を振りながら私達を呼んだ。

「えっ！　ええ、はい、……いや、あのお、マフラーをはずして行ったもんで中で冷えて……、あっ、あ、いやそのお、今はそのお、咽喉は渇いていません。な、な、富塚」

「あ、はい。そう、そうです。咽喉は……はい、あの渇いていません。はい、今はいりません。はい、はい」

私も富塚生徒も言葉とは裏腹に汗が噴き出して咽がカラカラに渇いていた。

ついうっかり考えもなしにやってしまった事がとんでも無い事になってしまった。

消えたグレーダー・最終教育課程

いよいよ生徒課程の最終教育を受けるため、私達は一年ぶりに勝田の施設学校に戻った。部隊実習での成果を見せる為、まず手始めに市内の舗装されていない田舎道の補修工事を実施する事になった。

未舗装の凸凹道の補修はグレーダーで行う。グレーダーは巨大なカマキリを連想させる道路建設機械である。前輪と後輪の間に、土を削ったり均したりする左右上下一八〇度回転するブレード（排土板）と、スカリファイアと呼ばれる固い土を掘り起こす数本の大きなツメ状の物がついている。部隊実習時に取得した大型特殊自動車の免許試験はこのグレーダーで行われた。

一般に建設機械にはその性質上、ショックアブソーバー（緩衝装置）がついていない。それ故、グレーダー等で少しスピードを上げて未舗装道路を走ると、飛び跳ねる様に走るので甚だ乗り心地が良くない。

実習部隊でのグレーダー教官は、オペレーターの横で半身を外に出し施工状況を見ていて振り落とされ、腰を二つの巨大な後輪に轢かれて、九死に一生を得た経験の持ち主であった。

押し並べて建設機械の操縦操作は危険がつきものである。したがって、私達は安全の為二人一組になり、施工計画に従って、それぞれの工区をオペレーターと安全係りを交代しながらグレーダー一台で工事に入った。工事をする二人以外は、助教の運転するダンプカーの荷台に乗り、工区を先回りして、道路状態を調査しながら交代地点で待機する事になっていた。

私は気が合う富塚生徒と組み、人家と工場が点在する郊外の道路補修に取り掛かった。始めは富塚生徒がオペレーターになり私が安全係りであった。この場合の安全係りの仕事は、安全確認は勿論であるが主にマンホールの確認であった。未舗装の道路は砂利や土でマンホールの蓋が埋まってしまっている場合が多く、うっかりしているとその蓋を削り取ってしまう。それを避ける為、安全係りは目を皿にして前方を見つめる。そしてマンホールを確認すると、警笛を鳴らしオペレーターに注意を喚起した。工区中程で私達はオペレーターを交代した。

グレーダーの施工操作はなかなか多忙である。立ったまま胸の下辺りでハンドルを支え、両手で六本の工事用のレバーを忙しく操作しながら、足でアクセルを調整し工事を進めて行った。すると、左手にあった民間の工場入り口から、一人の男が盛んに手を振りながら走り寄って来た。

「おい、ちょっと、ストップ、ストップ、あの親父さん、なんか言ってるぞ」

運転席から半身を乗り出していた富塚生徒が警笛を鳴らして言った。私はそれに従い、少し進んだ所でグレーダーを停止させた。

「何だ？　もしかして、何か文句を言われるのかな。富塚お前、ちょっと行って来いよ」

「オーケー」

富塚生徒がグレーダーから飛び降りて、走り寄って来た人と道の真ん中で何やら話していたが、ニコニコしながら帰ってきてグレーダーの下から怒鳴った。

「あの人さあ、あの工場の社長だってよ。自衛隊さんご苦労さまですってさ。ちょっと休憩してお茶でも飲んで行ってくれって言っとるぞ。どうする?」

どうするも何も、富塚生徒がグレーダーの運転席に上ってこないところを見ると、もう休憩する事を承諾してきた様だ。

私は大きなグレーダーを道端に駐車して置くわけにはいかないので、工場の門の中に入れた。更にその時、自衛隊の車両機械が民間の工場の中に置いてあってはおかしいと思われ、通報でもされたら面倒と思い、グレーダーを道から見えない工場の事務所の陰に入れてしまった。

事務所に入ると早速応接室に通されて、女子事務員達から茶菓子で歓待を受け、社長からゆっくりして行けと勧められた。

社長は常々、工場前の道路には困っていた様だ。雨が降ればぬかるみ、上がれば水溜りだらけのひどい凸凹道になる。今の所、郊外道路には舗装の予定は無い様だ。そんな状況の中で自衛隊が補修工事を行う事を聞き、朝から事務員に茶菓子を買いに走らせ、今か今かと来るのを待っていたという。

その頃の防衛庁のキャンペーンで、愛される自衛隊、というのがあったが、この事態はまさしくそれだと、私達はその歓待にすっかりいい気分になり、一五分程そこで歓談して又工事に戻った。そして、予定の工区の工事が終わり次の組との交代地点に到着したが、教官も助教も交代の同期生達もいない。

「あれえ、どうしたのかな、予定時間よりちょっと遅れただけなのに、みんなどこへ行っちまったんだ」

私達二人が途方に暮れていると、やがて、ダンプカーがモウモウと土煙をあげてやって来て、助手席から飛び降りてきた教官にいきなり怒鳴られてしまった。

「こら、お前達、今まで何処に行っていたんだ。みんなはお前達が予定時間を過ぎてもなかなか交代地点まで来ないので、こりゃあ大変だ、グレーダーと二人が消えてしまったと言って散々探し廻ったんだぞ」

私達が恐縮して訳を話すと、

「馬鹿者、民間の方の厚意に一々こたえて勝手に休憩していたら仕事にならんだろう」

と又怒られてしまった。

次は、学校からやや離れた、茨城県の山深い村の学校の運動場拡張工事であった。二月の極寒の時期で、私達は寝袋を持ち込んで暖房も無い冷え冷えとした学校の講堂に宿泊をした。ここは主にブルドーザーによる工事であった。

この当時のドーザーはまず始めに、搭載してある始動用の小さなガソリンエンジンをかけて、しばらくアイドリングした後、ディーゼルのメインエンジンにクラッチで繋ぐ方式のものがまだ主流であった。ところが、このD7(ディセブン)といわれる自衛隊の古いドーザーにはほとんどが始動用エンジンのバッテリーを積んでいなかった。その為手動でクランクを回してエンジンをかけなければならない。これがなかなか厄介で、冬は特にエンジンのかかりが悪く大変苦労したものである。このエンジンを作業開始前迄にかけて、メインエンジンをアイドリングしておくのが朝一番の我々の仕事であった。

二人一組の当番制で、起床して点呼を済ますと校庭の隅に置いてあるドーザーの所に行き、余りにも寒いのでまず焚き火をして身体を暖めて作業準備にかかった。

雲が厚く垂れ込め雪でも降ってきそうな空模様の朝、私と長野県出身のY生徒は、何とか上手くエンジンをかけて焚き火にあたっていた。すると、近くの雑木林の中から銃声が聞こえてきた。郷里で、父御に狩猟に連れて行ってもらった経験があるY生徒は、

「あっ、どこかで鉄砲撃ってるぞ。俺ちょっと見てくる」

そう言って林の中に入って行ったきりなかなか帰って来ない。

どうしたのか？　もしかしたら熊にでも間違えられて撃たれてしまったのではないか。或いは流れ弾にでも当たったのではと心配していると、しばらくして、手に何やら黒い物をぶら下げて帰って来た。

「おい、心配したぞ。あれっ、何だそれ、カラスじゃあないか。何すんだよそんなもの」

「うん、猟師が捨てたもんで拾ってきた。これから焼いて食べようぜ」

「ええっなに、カラスを食べるんか」

「おお、お前知らんな、カラスの肉は意外に美味いんだぞ。待ってろ今食べさせてやるから」

そう言うと手馴れたもので、手際良く羽根をむしりナイフでさばき、炊事場で塩を貰って来て振り掛けると焚き火で焼き始めた。

「おっ、何だ、いい匂いがするな、何焼いてるんだ」

やがて他の同期生達が三々五々やって来て、焚き火に炙られた肉を見つけた。

「鳥だ。もう焼けたろ、みんないいところに来たな、美味いぞ喰えよ」

Y生徒が勧めると皆がワイワイ言ってそれぞれ食べ始めた。

「少し肉が堅くて少ないが、こりゃあ美味いな、何の鳥だ……あれ、何でお前は喰わんのだ?」

黙って食べずに火にあたっていた私に皆の視線が集まった。

「あ、……ああ、俺か、あのな、Yが鳥をさばいているのを見とったら、ちょっと喰う気がしなくなってな。お前ら俺に構わず喰え」

(幾らなんでもカラスの肉など食えるものか……)

と思いながら私は空惚けて言った。

皆はその後も美味い美味いと骨までしゃぶり、しきりに何の肉だと気にしていたが、Y生徒は私に目配せしながらニヤニヤと笑って答えなかった。

生徒課程最終教育の三ヶ月は、この様な工事実習と同時に、一般隊員達を教育訓練する為の教育実習や、第九期施設科生徒総出で、ベーリー橋と呼ばれる、車両は勿論戦車も通す事が出来る鉄橋を製作し、又、分解した。このベーリー橋は、名称から連想できる通り米軍工兵隊からの供与である。機械類等は一切使用しない人力のみで架橋する鉄橋で、屈強な米兵向けにできている為一つひとつのパーツが異常に重い。訓練が終了した時は握力が無くなり腕が痺れてしまった。

そして、卒業制作と称して訓練場の中の草原に幅員六ｍ道路を二〇〇ｍ造った。

この年、建設機械技術課程一二名の内、私を含めた半数の者が勝田市で行われた成人式に制服のまま出席した。

第三章　三等陸曹

第六営内班長

昭和四二年三月二三日。私は陸上自衛隊施設学校に於いて、四年間の自衛隊生徒課程を卒業して三等陸曹に任官した。二十歳であった。卒業時に任地の一覧表が掲示され、各自の希望も考慮されて配属先が決まるが、私は特に希望する部隊もなく、皆が敬遠した富士の部隊に自ら手を上げて赴任する事にした。

一週間の休暇の後、真新しい三等陸曹の階級章を両襟に付けた制服で、指定された日時に御殿場の駅頭に立っていると、バンパーに『一×○施・本菅中』と標示されたジープが、駅舎の左にあるバスターミナル付近に迎えに来てくれた。

私を乗せたジープは、銀白色の冠雪がにぶく光る富士山を真正面に見て、長い緩やかな坂道をゆっくり登り始めた。

四月始めの富士の裾野はまだ名ばかりの春で、冠雪の冷気をたっぷり含んだ寒風がジープの幌の隙間から吹き込んできた。

市街地を抜け、民家が疎らに見える畑中の道を通り過ぎて間もなく、左前方に米軍のキャンプフジのバリケートの連なりが見え始めた。そのバリケート沿いに更に走ると、明らかに民家とは異なる数軒の建物が現れた。それは、かつてはケバケバしい看板や外装であったと想像される米兵相手の酒場であった。その中の一軒の壊れて色褪せたネオン管から、辛うじてCLUB MIL-LIONDOLLARという字が読めた。私が目でそれを追っていると、

「アメちゃんは今ベトナムに行ってるから、あそこも商売上がったりですよ」

精勤章四本を袖口に付け、陸曹候補生の桜を階級章の上に付けた古参陸士長のドライバーが言った。

一九六五年、アメリカが本格的に介入して以来ベトナム戦争は激しさを増していた。各地の駐屯地には、ベトナム戦争反対、安保反対と、小規模のデモが押し寄せ、中には駐屯地に向かって投石する者や、駐屯地内に強引に入ろうとする者もいた。

自分達の運動に酔っているのか、平和を唱える者にしては随分好戦的な人達であった。

ジープが、閉鎖されたキャンプフジのゲート前を通り過ぎると、正面やや左前方に短い滑走路だけの小さな飛行場が現れ、通称L機と呼ばれている陸上自衛隊の単発偵察機が一機、風に飛ば

されない様にワイヤーで固定されていた。

その飛行場から道路を隔てて、右手斜面一帯が私の赴任する第一×〇施設大隊があるT駐屯地であった。ここには施設大隊の他に、近くにある富士学校の教育支援をする普通科教導連隊が駐屯していた。この駐屯地のすぐ上には、余り利用されているとは思えない国立青少年の家が有り、もうそこから山頂までは人が住む建築物は何もない、標高八〇〇mの高地であった。

自ら手を上げはしたが、とんでもない僻地に来てしまったと私は早くも後悔した。

第一×〇施設大隊は師団の隷下に入らない長官直轄部隊である。通常我々はこの様な施設科部隊を師団施設と区別する意味で独立施設と呼び、部隊名に一〇〇番台のナンバーが付いていた。因みに、大隊とは二個中隊～六個中隊で編成された最小の戦術単位である。大隊長は二等陸佐が務め、各中隊長は一等陸尉である。

この部隊には、同期生の整備科のY三曹と土木科のN三曹も配属され、私は本部管理中隊の器材小隊、Y三曹は整備小隊、N三曹は第二中隊の第三小隊であった。Y三曹とN三曹は共に郷里に近い部隊を希望していた様だが、くじ引きの結果不本意にもこの部隊に配属が決まってしまったと嘆いていた。

N三曹に至っては、一年後には郷里の部隊に転属願いを出すのだと言っていた。しかし、郷里の青森には普通科部隊は有るが施設科部隊は無い、どうするのだと問うと、この際、普通科に転科してその部隊の先任陸曹を目指すと真剣な顔で言った。先任陸曹は中隊の中では最古参の一等陸曹が務め、我々が陰で半ば敬意を込めて一曹大将と呼ぶ程の中隊の実力者であった（この頃はまだ曹長、准尉という階級は無かった)。陸曹は望まなければ余り転勤も無く、責任が重く転勤が多い幹部で苦労するよりずっと良いとNは言った。

同期生の中にはNの様な考えの者が何人かいたようであるが、その様な者も最終的には幹部になった。陸曹と幹部では退職金が違ってくるからである。

平成二〇年、施設学校に於いて卒業以来四二年ぶりの第九期施設科生徒の同期生会が行われ私も参加した。その際、学校本部を見学中、学校長室と見紛う程の立派なドアが有り、そこには「先任上級曹長室」の標示あった。案内してくれた生徒隊出身の三等陸佐の後輩に、

「この先任上級曹長というのは何ですか? 学校長の部屋より立派なドアですね」

と私が訪ねると、

「はい、この先任上級曹長というのは最近制定されたもので、駐屯地の曹士の取り纏め役の様なものですね。この上には陸上自衛隊ではたった一人の、最先任上級曹長というのがいます。これらは皆准尉が努めます。……実はこれ米軍に倣ったものです」

と教えてくれた。これからは幹部を目標とせずこの地位を目標にする者も出てくるであろう。すこぶる居心地が良さそうであった。所帯染みたことだが、俸給は二等陸佐(大隊長クラス)並みだそうである。

本部管理中隊は大隊の本部要員や、重機のオペレーターや各種ドライバー、そして、その整備

要員で構成されていた。営内居住の隊員は六個班編成で、その六人の営内班長の内、二人が生徒隊出身の六期生と七期生で、私の一期上の八期生が一人班付き陸曹であった。

もう一人、生徒隊出身陸曹がいた。四期生のF三曹である。この先輩は営内居住の陸曹では別格で、営内班長の職は既に退き、班長室を出て一人で悠々と個室暮らしであった。

F三曹は中隊並びに大隊での車両器材関係では右に出る者がなく、陸士隊員の信頼も厚く、指揮能力においては中隊の幹部陸曹達も一目置く実力の持ち主で、営内の曹士達が敬意をこめて営内司令と呼んでいた。

部内幹部候補生の受験資格は、この年の数年後から三等陸曹四年経験者となり、同期生の多くはこれで幹部に昇進したが、まだ当時は二等陸曹を二年以上務めた者に限られていた。

しかし、本部管理中隊は古株の陸曹が多く先がつかえていた。他の部隊ならば、F三曹は疾うに二等陸曹に昇任して、部内幹部候補生に合格していても不思議ではなかったが、五年目の三等陸曹であった。

駆け出し三曹の私に、分不相応な出迎えのジープを出してくれたのはこの先輩の粋な計らいであった。

私の着任を待っていた様に、既婚者の営内班長一人が正式に営外居住となり、思わぬ事に私に第六営内班長の任がかかってきた。当分の間、余り責任の無い班付き陸曹で気楽に過ごせると思っていたが、俄かにそうも行かなくなってしまった。

第六営内班は班長の私以下、班付きのO三曹を含めて一二名で、O三曹は私よりほんの少しだけ遅れて任官した、この部隊生え抜きの二六歳の三等陸曹であった。班員は器材小隊のベテラン陸士が多く、私より年下は後期新隊員教育隊を数ヶ月前に終了した一等陸士の二人だけであった。

宮内班長になって約一週間後、班員達が班長歓迎会なるものを駐屯地近くの居酒屋の二階で開いてくれた。実は、中隊長から班長就任の内示があった時、私はF三曹に呼ばれて少し発破をかけられていた。

「班長の内示があったそうだな。いいか、何事も始めが肝腎だ。班長になったらまず第一に全班員を集めてお前の班長としての方針を一発かませろ。陸士達には絶対に舐められるなよ。舐められたらお終いだぞ。その為には少しくらいのはったりをかませても良い。そのかわりいいか、何事にも率先垂範であたれ」

「はい。分りました」

「よし、それから、お前酒は飲めるか」

「はあ、まあ、程々に……」

「そうか、よし。班長になったらすぐお前の班員達が歓迎会を開くはずだ。その際班員達がジャンジャン酒を注ぎにくる。それは色々な意味でお前を試す為だ。だからその酒は全部受けろ。苦しくなったら素知らぬ顔をして便所に行き吐いてでも飲め。絶対断るな。そして陸士達の前では酔い潰れるな。弱音を吐くな。見苦しい酔態を見せるな。気を張ってあたれ。いいか、生徒隊出身陸曹の意地と根性を見せてやれ。俺もそうしてきた」

何とも凄まじい事になってきた。

酒では一年生の時失敗したが、四年生の後半頃になってから少し訓練？　をした。しかし、身体の大きい割りにはさほど強くはない。多量に呑んでも正体を無くす程酔ってしまう訳ではないが、すぐ眠くなってしまうのだ。

だが私は、歓迎会の席上でＦ三曹の助言を忠実に守り、班員達の攻勢を何とか凌ぎ帰隊した。そして、日夕点呼が終わり班長室に帰った途端、私はベッドに倒れこみ、非常ベルの音もわからない程爆睡してしまった。

「おい、非常呼集だぞ、起きろ、屋上へ集合だ」

第三営内班長を務める、生徒隊六期生のＭ三曹から揺り起こされた時は、激しい頭痛がして、作業服を着ようとしてもまだ足元がふらついた。時刻は午前四時を少し回ったところであった。班付きのＯ三曹を見ると、こちらはまだ高鼾をかいていた。

他の班長達の話によると、私と一緒に帰隊したＯ三曹もかなり酩酊していた様だ。消灯後パンツ一枚で部隊中を大暴れしたそうである。その上、皆の制止を振り切り、班長室の二階の窓から外に出て、雨樋を伝わり一階まで降りて、そこで又大暴れをして、普通科の当直達に取り押さえられて送り届けられたそうである。私はその騒ぎも知らず眠り呆けていた様だ。

後日、その武勇伝をＯ三曹に問うてみたが、そんな事等全く覚えていないと言った。

しかし、Ｏ三曹はその後、自分よりずっと若い生意気な班長であった私を立てて、大変良く支えてくれた。

「Ｏ三曹、Ｏ三曹、非常呼集だ。おい、おい起きろ、おいっ」

私はO三曹を起こし、二人で屋上への階段を上がっていると、我が班員達もフラフラした足取りで上がってきた。既に屋上では施設科部隊の集結がほぼ完了していた。

非常呼集は、近在の子供が演習場に入り込み、夜になっても帰宅しないという親からの捜索依頼が駐屯地本部に届き、夜明けを待って捜索に入れという事であった。脈打つ様な頭痛に顔をしかめながらしばらく待機していると、列外にいたF三曹が私の班の前に来て怒鳴った。

「第六班、遅いぞっ」

「申し訳有りません」

すかさず私が謝ると、F三曹はニヤッと笑って自分の位置に帰って行った。

早暁、朝露に濡れた熊笹が生い茂る斜面を長い一列横隊で捜索していると、息が弾み咽喉が渇いた。腰から下は露で濡れそぼってしまったが、酒は汗と共に抜け落ちて、頭痛はいつの間にか治っていた。

その朝の捜索で子供は無事保護された。

翌日の課業終了後班長室に戻ると、私のベットの上にバナナが一本置いてあった。子供の親御さんから、捜索にあたった全隊員に一本ずつ配られた様で、これが私にとっては初の災害派遣手当て？　となった。

部隊に着任後暫くの間、生徒隊出身の新任三曹の実力を試す為なのか、中隊長は何かにつけて私に仕事を言いつけた。

始めは、モータープール造成の為、その測量に行けというもので、測量機器を持たせた隊員一名をつれて出掛けた。生徒隊時代、土木測量科を希望した事があった為皮肉な思いであったが、施設学校で学んだ基礎教育は無駄ではなかった。難なく測量を済ませて、計算書を提出して面目を保つ事ができた。

又、指揮能力を見るためか、中隊の全陸士隊員を指揮して、モータープールの法面《のりめん》（傾斜地の斜面部分）に芝の植付け作業をせよ、という命令も受けた。私は、大隊本部要員数名を除いた五〇数名の隊員を五個班に分けて、それぞれ古参陸士長を班長に指名して作業を開始した。朝からの作業は順調に進み、予定通り四時半過ぎには無事完了したので、私は隊員達を労い解散させた後、意気揚々と中隊長に報告に行った。初めて五〇数名の隊員達を実際に指揮し、それが上手くいったので私は少し胸をはる思いであった。しかし、中隊長は、

「うん、ご苦労。作業はなかなか上手く仕上がった様だな。作業指揮も良い。だが、……先程、大隊長から俺の所に苦言の電話が有ってな。うちの中隊のダンプの荷台に、上半身裸の隊員が二名乗っているのを見られたそうだ。裸で作業させるとは何事だ、うちの部隊はその辺りの土建屋ではない、作業指揮官は誰だと叱られてしまったよ」

と少し顔を曇らせた。途端に私は意気消沈してしまった。

確かに私は、作業中暑くなったら上衣を脱いでも良い、と各班長に許可を出していた。だがまさか裸になるとは……。

後刻調べてみると、確かに隊員二名は裸になっていた。しかし、裸になった隊員達は上衣の下

に何も着ていなかったのである。これは完全に私の手抜かりであった。

巨大クレーン車付き担当陸曹

私の経歴書のＭＯＳ（特技）覧には、ドーザー、グレーダー、クレーンと記されてあった。つまり私は、自衛隊の中では、この三つの機械の操縦施工技術が専門という訳である。

施設大隊本部管理中隊の器材小隊は、重機械専門の部署で様々な建設機械とそのオペレーター達で編成されていた。施設科生徒の建設機械技術科出身者は、始めはほとんどがこの器材小隊に配属され大抵は何れかの機械の担当になった。蛇足だが機材小隊ではなく、何故か器材小隊と書く。

第一×〇施設大隊には、米陸軍工兵隊が太平洋戦争や朝鮮戦争時に使用したと思《おぼ》しき、巨大な二〇屯トラッククレーンが一台あった。現代の油圧を多用しているクレーンと異なり、作業部は全てケーブル式で、エンジンは走行部も作業部も一二気筒のガソリンエンジンであった。しかもアメリカ製の為、左ハンドルでなかなか扱いにくい代物であった。

私は小隊の古参陸士長を助手として、その車付《しゃづ》き担当者に命ぜられた。クレーンは駐屯地一大きな車両の上、走行時はかなり騒々しいエンジン音と派手な音をたてるエアーブレーキの為、駐屯地の中を走っていると全ての車両が道を空けてくれた。某日も整備を終わった後の試運転で、そこのけ、そこのけ、クレーン様のお通りだとばかりに良い気持ちで走ってきたら、

「班長、この間、ドライバーの士長連中が言ってたよ。今度のクレーンの車付きは運転が荒い。あんなのに当てられたらたまったもんじゃあない、みんな気を付けようぜって」

助手の士長が笑いながら言った。どうもこの部隊のドライバー達はとんでもなく失敬な連中だと思ったが、もっとも私は大きな車に乗ると何故か少し気が大きくなる性質《たち》だ。

実は、大きな演習や工事以外、日頃余りクレーンの出番は無い。時々演習場で大型車両がひっくり返ったり、ジープ等が、深い溝に嵌まり込んでしまったのを引き上げに行く程度で、比較的暇であった。しかし、毎日整備作業や他の隊務で明け暮れていた私に、ようやく出番が廻ってきた。それは富士学校内のモータープールの拡張工事であった。小隊長と先輩のF三曹は、私と助手では心許《こころもと》ないと思った様で、M三曹と私の二人に作業を命じられた。M三曹は生徒隊第六期生出身で、私の前のクレーン車付きであった。

クレーンのアタッチメントを、真っ黒なケーブルのグリースでべとべとになりながら、通常のフックタイプのクレーン状態からクラムシェルに交換する。これが何時も大変厄介な仕事であった。クラムシェルとは、現在ゲームセンター等に行くと、オモチャやぬいぐるみ等をつかんで取るUFOキャッチャーなる物があるが、言ってみればあの様な物を巨大にして、土を掴んだり掘ったりする機械を想像してもらえばよい。大抵は前方にある土砂を掴み取ってダンプカーに積み

込む事が多い機械だ。その他、クレーンのアタッチメントには、ショベル、バックホー、ドラグライン、パイルドライバー等が有ったが、工事の種類や現場の状況によって、その都度それらを交換して使い分けていた。

工事初日、陸上自衛隊のメッカである富士学校に行き、その付け替えたクラムシェルで私が工事の準備をしていると、

「おい、この工事はお前の仕事だ。正車付《せいしゃづ》きなんだから頑張ってやれ。俺はちょっと同期に会いに行ってくる」

というと、M三曹はさっさと何処かへ行ってしまった。

富士学校には機甲科（戦車・偵察）と野戦特科（砲兵）に生徒出身者が多数勤務していた。特に、第六期生から始まった機甲科は、機械科専攻の大半の者が、旧陸軍少年戦車兵学校の伝統を受け継ぎ、豆タンと称して戦車隊と偵察隊に所属していた。そして、戦車は陸上自衛隊の華だとばかりに鼻息が荒かった。

因みに、二年修了時の機械科職種選考では、武器科の車両、施設科、航空科に希望が偏り、生徒隊唯一の第一線戦闘職種である機甲科の人気はいまひとつであった。機甲科の前身は旧軍をさかのぼってみれば騎兵科である。元々騎兵は機動性のある兵科である為、主に日露戦争時代から攻撃と捜索が主な任務であった。第一次世界大戦で鉄の塊りの戦車が登場して、騎兵科を持っていた各国の陸軍は次第に馬から戦車に乗り換えいった。従って、現代の自衛隊の機甲科も戦車隊とバイクとジープを使う偵察隊で構成されている。

おそらくM三曹は、そこにいる機甲科の同期生に会いに行ったものと思えた。私はその方が気が楽で一人で作業を始めた。

クラムシェルの操縦操作は、施設学校と隊付実習で十分習得していたので不安は無かった。

工事は、ひっきりなしにクラムシェルの両側に入って来るダンプカーに、土砂を積み込む単純なものである。午前の作業は順調に終わり、M三曹が帰ってくる様子もないので、午後も一人で黙々と作業を続けた。

二時過ぎ頃になると流石に疲れが出てきた。

三時の休憩迄あと少しという頃であった。ダンプカーに土砂をあけて、クラムシェルを開いた状態で回転させようとした途端、強くペダルを踏み込んでいた膝の力が疲れの為弛み、クラムシェルがスーと下がってしまった。古いクレーンはあちらこちらの摩耗が激しく、常に力一杯ペダルを踏み込んでおかなくてはならない。

「おーとっと、いかんいかん」

少し慌てた私は、反射的にクラムシェルを閉じる推圧レバーを引いてしまった。すると開いていたクラムシェルが閉じて、その大きな爪でダンプカーの後部をガチンと挟んでしまった。そこで益々気が動転した私は、思わずもう一方の巻上げレバーを引く失態を犯した。クラムシェルはダンプカーを掴んだまま後部を軽々と五、六〇センチ程持ち上げた様だ。驚いたのはドライバーの士長である。真っ青な顔をして、運転席から転がり落ちる様に飛び降りて来るのが目に入った。

私は気を取り直して、持ち上げたダンプカーを静かに下ろし、エンジンを切って作業を中断した。

「お、おいっ、ハ、ハンチョー、俺を殺す気かーっ」

ドライバーの士長が、今度は真っ赤な顔をしてクレーンの下から怒鳴った。

「やあ、すまん、すまん、怪我はないか」

と私は謝った。

「ああ、びっくりした。あ、いや何とも無いっす。でも車の方は大丈夫かなあ」

ドライバーと二人でダンプカーを調べると、クラムシェルの爪で数ヶ所に大きなヘコミ傷が出来ていた。

「あーあ、班長こりゃあまずいよ」

「……うん、そうだな。よし、後で俺が始末書でも何でも書くから、作業班長を呼んできてくれんか。ちょっと早いが休憩しよう」

タバコを一服し終わる頃、早速ベテラン三曹の作業班長がやって来た。

私が状況を説明すると、

「いやあ、今日は二人で来られたと思っていたんですが、ずーっと一人でしたか、大変ですなあ。しかし、ドライバーに怪我が無くよかった。なあに、車の方はいいですよ、何とかします。これからはドライバーの連中に余り急がない様に言っときますから、ゆっくりやりましょうや」

流石にベテランの陸曹である、こうゆう人が自衛隊を支えているのかと思うと私は少しうれしくなった。その後の作業は気を引き締めて臨み、一日目の工事は終わったが、先輩のM三曹はとうとう現場には戻ってこなかった。

翌日、M三曹は私に言った。

「もう土建屋の真似は好い加減嫌になった。俺はレンジャーに志願したからもう少し経ったら行ってくるよ」

日頃からとっつきにくい先輩であったが、施設科の仕事に満足していなかった様だ。

それからの工事は、時々は助手も連れていったが大抵は私一人で出掛けた。


野戦特科の実弾射撃訓練が行われるので、一五五㎜榴弾砲の掩体壕を構築する作業の支援に向かえという命令を受けて、私はアタッチメントをバックホーに替えて演習場に出掛けた。バックホーとは、現在よく一般の工事現場で見かける穴掘り等に使う通称ユンボと呼ばれる土工機械があるが、あれの大きな物である。

掩体壕構築現場で、一〇数人の隊員を指揮する作業班長は同期生のN三曹であった。土木科出身のN三曹は第二中隊に配属された後、施設科新隊員後期教育隊の助教として新隊員教育に三ヶ月間携わり、原隊復帰したばかりであった。

土木科は測量が専門であったが、実際に陸上自衛隊唯一の測量大隊に配属されたのは、私と仲が良かった島根県出身の内藤君だけであった。他の者は全て各施設大隊のナンバー中隊（本部中隊又は本部管理中隊以外の数字を冠する中隊を通称こう呼んだ）に配属された。そして、私の様な主に機械を扱う技術屋と異なり、土木科は測量のみならず施設科一般の知識を広く深く習得していた為、新隊員教育の助教には最も適していた。

N三曹は私と同じ一六歳入隊組で生徒隊時代は少し吃音が有り、ややアガリ性だった。新隊員助教の内示があった後、やっていけるか心配だと相談を受けたが、無駄に四年も生徒隊の飯を喰ってはいなかった様だ。

見違える様なN三曹の堂々たる作業班長ぶりに私は少々驚いた。

「よう、ご苦労さん、待ってたぞ。円匙と十字鍬だけじゃあ埒があかんよ。早速この図面通り、ここん所を掘ってくれ」

「おう、ご苦労さん、よーし、まかせろ」

一五五㎜榴弾砲の掩体壕は少し大掛りだが、重機を使えば訳も無い事である。

幾つかの指定された所を掘り終わり、仕上げはN三曹が指揮する作業隊にまかせて、私はバックホーの整備と給油を始めた。古い一二気筒のガソリンエンジンは、まるでガソリンを柄杓で撒き散らしながら動いている様で燃費が非常に悪い。それ故、かなり頻繁に給油が必要で、作業現場には必ず燃料のドラム缶が運ばれてきていた。そのドラム缶の位置までバックホーを後退させていると、車体後部で何かにぶつかった様な激しい衝撃音がした。

「なんだあ、今すごい音がしたな。岩にでもぶつかったのか」

N三曹がそう言いながら走って来て、私と二人で車体の下を点検したが、それらしき岩も石も無い。運転席に戻りソロソロと動かしてみると、少しエンジンが空転する感じがするが何とか動いた。しかし掩体壕が完成して帰途に着き走り始めると、一向に加速が効かず、仕方なく低速で走って行くと先に徒歩で帰っていた作業隊に追いついた。

「おーい、そんなにノロノロ走って、やっぱり故障か」

N三曹が心配そうに声をかけてきた。

「ああ、その様だ、何だか加速が効かないんだ」

「ふーん、それでこのまま部隊まで帰れそうか」

「いや、わからん。途中で動かなくなるかもしれんな」

「そりゃあまずいな、今日は助手もいない様だし、……どうだ、俺達を乗せていかんか」

「……」

「俺達を乗せていれば、途中で動かなくなっても、誰かを部隊に走らせる事が出来るぞ」

そんな事は規則違反だがこの際は仕方が無い。

「よし、いいだろう、みんなを乗せろ」

私はNの提案をのむ事にしてクギをさした。

「いいか、N、ノロノロ運転だから振り落とされる事も無いだろうが、みんなにしっかり掴まっていろと伝えろ。それから部隊に帰っても、クレーンに乗ってきた事は絶対口外しない様に徹底させろ」

「了解」

隊員達が歓声を上げて車体によじ登ってきた。私はエンジンのご機嫌を伺いつつ何とか駐屯地近く迄たどり着き作業隊を降ろした。

整備工場に入れると、早速整備員達の綿密な検査が始まり、その結果、衝撃音の正体は、直径六〜七㎝はあるプロペラシャフト（推進軸）が、金属疲労の為捩じ切れた音だと分った。

それから当分の間、トラッククレーンは使用不能となってしまった。何しろ米軍供与の骨董品である、部品の供給にかなりの時間が必要であった。

そんな事があった数日後、中隊長から、

「現在、うちの大隊にクレーン免許の取得者枠が一名きている。クレーンがあんな状態だし、どうだ君、運輸省の起重機教習所に行ってこんか」

という薦めがあった。MOSで、自衛隊のクレーンの操作は出来るので隊務には支障は無いが、運輸省管轄の免許も取っておいた方が今後何かと良かろうという事であった。配属以来、危険物取り扱い者やボイラー技士、それに全く畑違いの調理師免許まで、数々の資格を取らないかと薦めがあったが、その全てを断り、クレーンについても私は断ってしまった。

理由は、一年前の部隊実習時から私はN大法学部の通信教育を受けていて、そちらの勉強が忙しかったからである。そして夏には有給休暇を利用して、スクーリングに出席しようと計画していたのである。

中隊長にその事を告げると、

「うーんそうか、そう言う事情なら仕方がない。よし、わかった、スクーリングに行くことは許可する。クレーンは他の陸曹を行かせよう。この件についてはF三曹の意見を聞こう。F三曹を呼んでくれ」

後日、起重機教習所には先輩のF三曹の推薦で、私の班の前任班長であったK三曹に決まった。K三曹は三〇を過ぎた妻子持ちの大人しい人であったが、日頃から自分の自衛隊での将来を憂いていた様だ。

当時の二曹、三曹の定年は四五歳と早かった。そこで、クレーンの免許でも持っていれば、退職しても民間ではかなりの高給で優遇されるそうであった。それがF三曹の推薦理由である。

K三曹は日頃見せたことがない程興奮してF三曹に礼を言っていた。この様なF三曹の配慮が、曹士隊員達に営内司令と言われる人望の厚い所以であった。因みに、F三曹はクレーンは勿論他にも沢山の免許を持っていた。


私は七月の下旬から、待望であったN大の夏季スクーリングに通う為上京した。スクーリングのわずか四〇日間の大学生活はかつて無い程楽しいものであった。生徒隊卒業以来、三ヶ月半ぶりに何人かの同期生達に再会し、久しぶりに机を並べて勉強し、授業が終われば喫茶店で馬鹿な事を言い合っては他愛も無く笑い、学生気分に浸りきった。時々自衛官であることを忘れてしまいそうであった。

そして、親のすねを齧り勉強もしないで遊び呆け、或いは革命という妄想に取り付かれて騒いでいる輩を見聞きして腹立たしくも思った。

私は目指していた単位は全て取得し、思ったより好成績でスクーリングを終了して部隊に帰った。

そして又、修理が終わった骨董品的二〇屯クレーンを、試運転と称して轟々とエンジン音を響かせながら、度々駐屯地の中を走り廻った。

他のドライバー達は、その度に上目使いにクレーンと私を睨み、顔をしかめながら道を譲った。

山中湖渡河大演習

時々、大隊の陸曹を対象にした集合教育がおこなわれた。例えば不発弾処理教育もその一つである。施設科の使命の一つに爆破があるが、不発弾の処理は本来砲弾や弾薬が専門である武器科が行う事がほとんどであった。しかし、この様な教育は全ての施設科陸曹の教養として行われた。

以前、第二次大戦直後のヨーロッパの街で、元兵士達が高額な報酬を得る為に不発弾の処理を請負、次々処理に失敗して死んで行くというストーリーのアメリカ映画を観たことがある。現代の日本に於いても未だに不発弾が見つかり、その度に武器隊の不発弾処理班が出動して命がけの処理を行っている。それが仕事なのだから仕方が無いだろうと思われる方もいるだろうが、映画の中の様な高額な報酬とは異なり、その命懸けの手当ては一回の出動につき五〇〇〇円余りだと聞く。いくら、事に臨んでは危険を顧みず、と宣誓したとは言え、驚くばかりの命の安さである。そんな状況にありながら、今も不発弾処理の隊員は黙々と任務についている。

不発弾処理教育は大隊幹部（一等陸尉又は二等陸尉）のレクチャーと、小隊陸曹クラスのベテラン陸曹（概ね二等陸曹）による実技教育で、実物の信管と模型の砲弾又は地雷が教材であった。

地雷は、近年カンボジアなどに於いて、紛争後残置されたままで、その土地の人々に痛ましい被害が多発して大きな国際問題になっている。これについては、自衛官を定年退官した方々がその知識と体験を活用して、ＮＰＯの地雷処理復興支援センターを立ち上げて活躍されている。このことは余り知られていないし、これに対してのマスコミの報道も皆無に等しい。従って、生徒隊の同窓生達を含め、黙々とその危険なボランティアに命をかけている人達がいることを、ここにあえて書き記しておきたい。

少し前置きが長くなった。

平時の自衛隊の日常は訓練と教育の連続である。教育は前述の様な教育から大きな展示演習に至るまで様々である。

九月初め、第一×〇施設大隊が総力を上げて、年一回行う山中湖に於ける渡河演習も、主に富士学校の幹部学生達に見せる教育の一環として行われた。

湖畔の集結地には、今回の主役である我が施設大隊の他、富士学校がある富士駐屯地からは機甲部隊が水陸両用戦車などを、野戦特科は榴弾砲を引っ張り続々と集まって来た。

私はこの演習では主に門舟橋の舷外機手であった。門舟橋とは折りたたみ舟艇を三艘若しくは六艘並べた上に架橋して、それに車両や重砲などを乗せて運ぶものである。三舟門橋の場合は中央の舟に舷外機を取り付け、実際の運用は指揮官の小隊長と舷外機手それに舫綱手二～三人で行う。故に、観客の多いこの演習では、手旗で指揮をとる小隊長と舷外機手はちょっとした花形的存在であった。

他の小隊員は、腰まで水に浸かり門舟橋の組み立てと積み込み作業員となる。本部管理中隊にはそのような人員がいない為、本部要員の一部やドライバーや整備小隊員、若手の陸曹までがこの作業についた。同期生の整備科のY三曹もその一人で、

「何で俺がずぶ濡れになり、お前が乗る門舟橋を組み立てなければならないんだよ」

とぼやいていた。

第一日目、大型車両の渡河が始まった。この時の三舟門橋隊は本部管理中隊から一個小隊、ナンバー中隊から一個小隊の二個小隊であった。第一小隊の小隊長は防衛大学出の新米三尉で、第二小隊はその三尉と同年配のF三曹が小隊長であった。この場合の小隊長として、第一小隊の新米三尉は妥当だが、他の幹部や陸曹を差し置いて、私の先輩のF三曹が第二小隊長になったのは異例で有り驚いた。きっとこれは、三曹ではあるが、五年間現場で培った指揮能力を、新米三尉に見せて教育しようとした上層部の思惑があったのだろう。

だがそんな思惑など関係なく、我々第二小隊員は、

「防大出の新米三尉が指揮する第一小隊になんか負けてたまるか。F三曹を男にするぞ」

とばかり一致団結しおおいに張り切った。流石にF三曹の指揮は手馴れたもので、他の中隊幹

部を退けて小隊長に指名された事に納得いく思いであった。

私も細心の注意を払って舷外機を操縦して、まるで巨大なミズスマシの様に湖面を縦横に走り廻った。

一日目の演習が終わり、夕食後湖畔に設営された大型テントでくつろいでいると、戦車隊や野戦特科に所属する同期生達が訪ねてきた。水際の砂地に座り暮れ行く湖面を望みながら、久し振りに旧交を温め合っていたが、何の話の弾みか、戦車隊の同期生が、

「俺は今、M24（米軍供与の軽戦車）に乗っているが、今度国産の新型六一式に乗れるかもしれない。これは世界のトップクラスの戦車だ。何と言っても陸上自衛隊の華は戦車だな」

と言い出した。すると、野戦特科で富士学校の機械化実験隊に所属しているという某が、

「何言ってやあがる。何が華だよ。今俺が改良に関わっている対戦車誘導弾にかかれば戦車なんか視認できる限りでは百発百中のイチコロだ。お前等は鉄の棺桶に乗って走り廻っているだけだよ」

と言い返した。

一九六四年制式化された、国産初の有線の対戦車誘導弾マット（MAT）の改良にこの同期生は関わっている様であった。

傍で聞いていた私は、随分派手な議論だと思ったが、任務そのものが地味な施設科はそんな議論には加われない。それに、何と言っても施設科は訓練時の服装から違っていた。ヘルメットに菜っ葉色の戦闘服、ここまでは他の隊員と余り変わらないのだが、足元を見ると地下足袋である。

地下足袋は日本人にとってはまことに重宝ではあるが、水中或いは水上の施設科の渡河作業は旧態依然とした土建屋さんまがいの出で立ちであった。

歩哨の死

国旗降下が終わると、私は素早く夕食と入浴を済ませ、中隊の自習室で大学の教科書や辞書を前に居眠りもせずに毎日レポートの作成に励んだ。学齢期から勉強嫌いで遊び呆け、生徒隊時代には自ら居眠り病の疑いがある等と言って怠けていた私としては、実に画期的な事であった。

中隊の夜の自習室は、手紙を書く者や、陸曹候補生を目指す陸士長がチラホラと机に向かっていた。

現代の自衛隊の制度では、高校卒業後二～三年の短期で陸曹になるコースが有る様だが、当時陸曹になるには、我々生徒課程を除いては、一般隊員からの選抜試験に合格する以外に道はなかった。これは若い陸士長達にはかなりの狭き門であった様だ。

一方、隊歴七、八年以上になる最古参陸士長には、部隊によってそれなりの引き上げ枠もあった様だが、これとても無試験という訳にもいかず、それなりの勉強が必要であった。そして、この陸曹候補生は試験に合格してもそれからが又大変であった。

地獄の一丁目とも言われる陸曹教育隊の訓練が待ち構えていた。候補生達は、ここで反吐を吐く程の戦闘訓練や各種訓練、又、重武装の上、駆け足で行う数十㎞の行進訓練等で徹底的に鍛えに鍛えられた。これに耐えて卒業し、各職種学校で三ヶ月の最終教育を終えると、晴れて三等陸曹に任官する。そして、ここで初めて定年が生じて、今までの任期制の契約社員から自衛隊の正社員となる訳である。

この様に、当時一般隊員から陸曹になるには、生徒隊の様に四年間じっくり鍛えられて、エレベーター式に上がってくるのとは又違った厳しさがあった。

私の二つ前の席で、生徒隊第七期出身の第四営内班長M三曹が、便箋に向かってしきりにため息をついている姿がユーモラスであった。陽気で朗らかなM三曹は、毎日の昼休みに班長室で観ているNHKテレビ小説「おはなはん」に出演している日色ともえという女優の大ファンで、ファンレターを書くのだと張り切っていた。だが、さっぱり筆が進まぬ様子であった。

「班長、すいません、ちょっと辞書を貸して下さい」

私から少し離れた所で手紙を書いていた、大隊本部S－1（人事係）勤務の一等陸士が私の所へ来て言った。

「ん、辞書、何の辞書だ？　今ここにはコンサイスの英和しかないけど」

「あ、そうですか。えーと……いえ、それでいいです。それ貸して下さい。手紙を書いているんですが、漢字を度忘れしちゃって」

（ナニ、英和辞典で漢字を引く……一般隊員にしては、こいつ、何者？）

興味を覚えた私は、勉強を中断して質問をしてみた。その一等陸士は、東北大学を卒業してすぐに一般隊員として入隊し、来年早々に二年の満期が明けるという事であった。

「東北大学まで出ていて一般隊員で入隊したのか。幹部候補生を何故受けなかったんだ」

と私が聞くと、皆に同じ事を言われるが、入隊は社会勉強の為で自衛官を職業にするつもりはない、満期後は郷里に帰って高校の教師になるつもりだと言った。

召集令状で集められた昔の軍隊はあらゆる階層の坩堝《るつぼ》であった様だが、自衛隊にも色々な人間がいるものだと私は感心させられた。

自習室は私にとって、日頃自分の班員以外は余り接点のない陸士隊員とのふれあいの場でもあった。

九月下旬、私に初の警衛勤務が廻ってきた。警衛は隊付実習で歩哨の見習いを一度経験したことがある。

T駐屯地には職種の異なる施設科部隊と普通科部隊が駐屯していた。職種が異なれば通常の業務で比較される事は余り無いが、こと警衛に関しては常に比較の対象となった。

「施設の奴らの警衛はどうもたるんでるな、第一、気合が入っとらん」

普通科の連中が露骨に言う。

「今日の警衛は普通科か、ふーん、なかなか締まっとるな。でもあれがあいつらの商売だからな、あれで当たり前だろ」

施設科の者が少しやっかみ半分に言う、と言った具合である。しかし我々施設科も、たるんでいる等と言われて、まあそうねと簡単に認める訳にはいかない。そんな日頃の事情もあり、警衛上下番《じょうかばん》の交代式には、大隊の上層部からも発破をかけられているので俄然張り切らざるを得ない事になる。

通常の警衛隊の場合、警衛司令はベテランの二等陸曹が務めた。その下に営舎係陸曹と歩哨係陸曹が一名ずつ付く、これは共に三等陸曹が務めた。歩哨は約二〇数名程の陸士であった。それぞれが警衛時の役職と官氏名を、もうこれ以上の大声は出ないとばかりに駐屯地当直司令の顔に唾を飛ばして申告する。これがまず、今度上番する警衛隊の気合の入り方のバロメーターになると言うので、私も喉が張り裂けんばかりの大声を張り上げた。

私は歩哨係陸曹であった。歩哨係陸曹は、歩哨の教育とそれを交代させるのが主な仕事である。およそ知性とは懸け離れた猛々しい交代のセレモニーと、駐屯地当直司令の型通りの訓示が済むと、二名のラッパ手を先頭に普通科連隊本部前の広場から警衛所までの約五〇〇メートル程を、ラッパに合わせて勇壮に行進する。普通科の場合、よく訓練されたラッパ手が吹くきれいな音とリズムで、軽快な行進になるのだが、施設科のラッパ手は、時々音程がずれたり音がかすれたりした。これは無理も無い事で、ラッパ手は昔から歩兵の先頭に立ち進軍を鼓舞したのである。

現在も普通科連隊にはラッパ隊なるものがあり、常々研鑽を積み活躍している様だ。昔の学校の修身か何かの教科書には、進軍中死んでもラッパを手放さなかったラッパ卒の話が、戦時美談として載っていたそうだが、ラッパ手は歩兵の十八番と言っても良い。今も昔も日本では、工兵が土木仕事をしている先でラッパは吹かない、もし吹く奴がいたら、気の荒い施設科隊員に石をぶっつけられるか、円匙や十字鍬で追いかけ廻されるであろう。

そんな事を思えば、施設科のラッパ手は、一応訓練は受けるものの、言わばアルバイト的存在であるかもしれない。それを比較するのは酷と言うものだ。したがって、少し位ラッパの音がかすれ様とリズムや音程が外れ様と、そんな些事は意にも介さず、我が施設科の警衛隊は勇ましく行進した。

このT駐屯地の警衛はある意味幸いであった。将官がいないし、又来る機会も少なかったからだ。将官がいる所の警衛は大変面倒であった。雨の日であろうと、雪の日であろうと、将官が営門を通る度に栄誉礼なるものを行わなければならない。これは、その都度警衛所前に警衛司令以下全員整列して、捧げ銃の上ラッパ吹奏で閲兵を受けるのである。勿論将官もいちいち車から降りて閲兵する。聞くところによると、某駐屯地の司令は将官になった途端、頻繁に外出を繰り返す為、警衛はその度に、日に何回も栄誉礼を行わなければならず、

「あの人はやっと将補になれたんで、栄誉礼を受けたい為だけに外出するのだ」

と陰口を叩かれたという話もある。ともあれ、栄誉礼は受ける方は軍人冥利、否、自衛官冥利に尽きるであろうが、警衛隊、特にラッパ手は、音程を外したり変な音を出したりする事も出来ず、なかなか緊張するところであった様だ。

T駐屯地の歩哨は、正門と演習場に続く裏門、それに飛行場の三箇所に立った。正門の歩哨は、

夜間九時頃までは人の出入りもあり、隊員の居住区も近くにあるので、消灯ラッパが鳴り響く迄は何とか気が紛れる。しかし、裏門や飛行場の歩哨は、日中は兎も角、夜間になると全く人影が途絶えしまうのでなかなか辛い。特に裏門は、有刺鉄線のフェンスと辺り一面寥々とした演習場の闇が広がっているだけで、全く何も無い。居住区からもかなり離れているのでその灯りすら届かない。

深夜、私と歩哨の交代要員を乗せたジープは、駐屯地内の起伏とカーブの多い濃霧の中の道を、対向車が無いのをいいことにかなりのスピードで疾走し、一連の交代を済ませて営舎に帰った。

そして事件が起こった。

それは、深夜二時過ぎの事であった。

私は仮眠所の隅にある休憩所で、仮眠前の歩哨二人と一服点けていた。

「班長、三島由紀夫が富士学校のレンジャーへ体験入隊してるの知ってる」

と、隊歴七年の私の班のW士長が言った。

「うん、知ってるよ。どうせ小説のネタ作りだろ」

私が答えると、

「ネタ作りとは言っても、レンジャーはキツイよな。幹部も陸曹も訓練所に入った途端、階級章を剥ぎ取られて、鬼教官達に徹底的にしごかれるそうだぜ。いつだったか東北の方のレンジャー教育隊で渡河訓練中に何人か殉職したな。自衛官の中でも結構な猛者が音を上げる程なのに、少し位自分でトレーニングしたからと言って、素人には到底無理だよ、よく自衛隊も受け入れたなあ」

もう一人の歩哨のS士長が言った。これも他班の古参陸士長である。二人は通常はジープドライバーでなかなかの情報通であった。

この間から、富士学校のレンジャー教育隊に体験入隊している、小説家の三島由紀夫の事については班長室でも話題になっていた。

「でもまあ、三島由紀夫なら、大いに自衛隊の宣伝になるから広報も受け入れたんだろ。訓練担当もそのへんはずーと手加減するさ。基礎訓練も受けていない民間人を、いきなり本気で訓練すれば事故を起こすよ」

私がそう言った時、

「うう、ううーん」

仮眠所の奥まったベットで呻き声がした。

「ちぇっ、誰だ、気分出してんのは、カワイコちゃんと夢の中でイイ事でもしてるのかよっ」

W士長が少し卑猥な笑いを浮かべながら言った。

するとその直後、二段ベットの上段から呻き声とともにドサッと落ちる音がした。

「あ、落ちた。寝相の悪い奴だな。大丈夫かな。おい、W士長ちょっと見てきてくれんか」

私はW士長に頼んだ。

「え、ありゃあ大丈夫スよ班長、もうすぐ自分で這い上がって又寝ちゃうから」

W士長は面倒臭そう答えた。確かに隊歴七年の陸士長の言うことは、営内で暮らす隊員には常識であった。私も入隊当初、ベットから落ちて、そのまま又這い上がって寝てしまった事がある。それを思い出して私は言った。

「……うん、まあ、そうだな、又自分でベットに戻るな」

その後、話題は三島由紀夫から、先に行われた大隊総出の山中湖渡河大演習の話題に移った。私がその演習に舷外機手として参加したことはすでに書いた。二人の士長は腰まで水につかり、その三舟門橋の組み立て要員であった。

「あれは毎年ずぶ濡れになって嫌になるな。俺さ、痔が悪いもんで、あの度に冷えて悪化するんだ。いつかは班長みたいな舷外機手になりてえよ」

と、S士長が言い、

「しかし、さすがF三曹の指揮はすばらしかったな。それに引き替え、防大出の新米三尉の指揮は、ありゃ何だよ。あんなのだったら俺にも出来るぞ」

W士長が言った。二人は一頻りその話で盛り上がっていた。

二人の話を黙って聞きながら私は、陸士隊員達、取り分け古参の士長達は非常に良く指揮官を観察しているものだ、決して油断は出来ないと思った。

まだ話は盛り上がりそうであったが、休憩時間が終わりに近づいた私は、勤務に戻ろうと立ち上がった。そして、先程から気になっていた仮眠所の奥に目を凝らすと、そこには先程落ちた者がそのまま寝ている様であった。

「あーあ、あいつまだ落ちたまま寝とるぞ。あのままじゃあ風邪を引くな、W士長、やっぱり仮眠する前にベットにあげてやってくれ」

私は再びW士長に頼んだ。

「あ、本当だ。しょうがねえ野郎だな、……いったい誰だよ、まったく」

W士長はブツブツ言いながら、二段ベットが並んでいる奥の方に行きしゃがみ込んだ。

「あ、なーんだ、N士長じゃあねえか。おい、こら、N士長起きろ、風邪引くぞ。おい、起き……あ、あれえ、何だ、おいN士長、N士長、………あっ、班長こいつ、息してねえ」

その時私は、一瞬W士長にからかわれていると思った。

「またまた、W士長冗談キツイぞ」

「いやいやいや、班長待ってくれ、冗談なんかじゃあない。ちょっと待って、ああっ……脈も……無い」

W士長の声は緊迫していた。半信半疑で私が近づき確認すると、確かにW士長の言う通り、もうすでにN士長は事切れていた。

深夜の為なかなか富士学校の医務室に連絡がつかなかったが、ようやく寝惚け眼の医務官と共に警務隊（旧軍の憲兵にあたる）も駆けつけてきた。仮眠中であった警衛司令以下全警衛隊員が起き出してきて、まだ明けやらぬT駐屯地の警衛所は騒然とした空気に包まれた。

その後、私は現場にいた最上級者として警務隊の現場検証に立ち会い、その後一睡もせずに約五時間に及ぶ警務隊の取調べ官の尋問を受け、心身共にこれ以上もない疲労をおぼえた。

「さっき、医務官から報告が入ったから知らせておくが、N士長の死因は心臓マヒだそうだ。いわゆる、ポックリ病ってやつらしい。寝ていて突然心臓が停止して、その苦しみでベットから落ちて死亡してしまったという訳だ。これは何と言うか、……仕方が無いと言うか、ね。まあ、君にはこの度の事は大変な出来事だったな。ご苦労さん、部隊に帰って休みなさい」

尋問の最後に、四〇年輩の取調べ官の一等陸曹が教えてくれた。

警務隊の取調べ官は仕方が無い事だと言ったが、間近で隊員が死亡したという事実、しかも、私は曲がりなりにも、その隊員の上官であったという事が、その後、未熟な若い私の精神に大変な重圧となって襲いかかってきた。

——そしてついには自衛官としては人の上に立てないとまで思い悩み、気持ちは次第に退職へと傾いていった。

私は意を決して先任陸曹（中隊最古参の一等陸曹で中隊人事係）に、一身上の都合で退職したい旨を告げ、退職届の用紙を請求した。

「何、何だと、……そりゃあまあ、……この間の事もあるかもしれんが、そ、そんな事を唐突に言ってきても、そんなもの、ハイどうぞと出す訳にはいかんな。俺は知らん、中隊長の所へ行け」

手品が趣味の普段は温厚な先任に、にべもなく追い返されてしまった。仕方なく私は、手持ちの便箋に自己流の退職願いを認《したた》め中隊長に面会を求めた。

「あの事件は不幸な事だったが、君の責任でも落度でもない。自分を責めるな。……しかしだ、仮に辞めたとして、それからどうするつもりだ」

「はい、夏に大学のスクーリングに行かせて頂き、あと少しで教養課目の単位が全部取れます。退職したら上京して、一二月の夜間スクーリングに通い残りの単位を取り、来春に通学部への転部試験を受けようと思っています」

「うーん、そうか。しかしな、四年の間、君をここまでするのに国はどれだけの金をかけたか考えた事があるか。君には俺も期待しているんだ。まず、この辞表は受け取れん。もう少し良く考えてみろ」

中隊長の言葉は至極尤もな事であった。ましてや、終戦時に海軍の特攻隊員であった人にそう言われると反論の余地は無い。私は一旦は引き下がった。

その翌日、悶々としながら小隊事務室前のモータープールでクレーンの整備していると、S－1（エスワン）主任の三等陸佐が訪ねて来た。

大隊本部にはS－1（人事・庶務）の他に、S－2（情報・保全）S－3（運用・訓練）S－4（補給）と呼ばれるセクションが有り、それぞれ一尉又は三佐クラスの主任がいて大隊の幕僚を構成していた。

S－1主任は中隊長から聞いたと前置きして、私が退職の意思表示をした事に対して、私の前途が有望であることを懇々と説き、色々と翻意を促し最後にこう言った。

「なあ、君の様な生徒隊出身者は一五年で恩給がつくんだ。君はあと一〇年ちょっとだ。自衛隊の中で、こんなにも恵まれているのは他にはないぞ。どうだ、考え直さんか」

旧軍からの叩き上げと思われる老三佐のこの説得に、私は落胆し心の中でこう呟いた。

（燕雀安んぞ鴻鵠の志を知らんや、という言葉を知っていますか。この若さで恩給の事を考えて生きるんじゃあ、余りにも志が低くはないですか）

――生意気であった。

着任して約半年余の事である、部隊上層部としても折角の若い三曹をむざむざと手放す訳も無く、私の退職はすんなりとはいかなかった。しかし、一旦口に出したらそれを翻さない頑固な私に根負けしてか、どうにか二ヶ月後退職願いは受理された。

退職の日、中隊長と大隊長に申告しに行くと、予想はしていたが、やはり木で鼻を括る様な態度で終始された。大変身勝手な思いではあるが、元気でやれよの一言位はあってもいいのではないか等と思った。

私は、少し憂鬱な気持ちで、富士学校に本部を置く第一×○施設大隊上部組織の第×施設団本部にも最後の申告に行った。施設団は師団隷下の部隊を除いては、施設科職種の最大規模の単位である。

私の申告が済むと、

「四年半は在職期間としてはそう長くはないが、大変ご苦労様でした。これからは自衛隊で培ったものを、自分の為、又、社会の為になる様に、一生懸命頑張って元気でやって下さい」

と陸将補である団長に労われた。その団長の言葉がたとえ形式であったとしても、その時の言葉は私の心に染み透る様で、部隊上層部に対して芽生えていたわだかまりがとける思いであった。

そして、流石に将官ともなると人間の器が大きく偉いものだ、この様な人が部隊を統べている限り自衛隊も捨てたものじゃあない、最後の申告の相手がこの人で良かったと感激をした。

生徒時代、施設学校近くのテーラーで生まれて初めて誂えた濃紺のスーツに着替え、臙脂色の下地にうすい青色の線が入ったレジメンタルタイをしめた。そして最後に、制服の両襟から鈍く光るまだ新しい三等陸曹の階級章と、長官直轄を表わす部隊章をはずしてポケットに入れた。

中隊事務室の先任以下陸曹達にも挨拶に行き、制服の返納と最後の手続きをしていると、たまたま事務室に入ってきた大隊本部勤務の士長が、先任陸曹の広げた書類を横から無作法に覗き見て、

「えっ、班長って、まだ二一歳だったのか。俺より四つも下だったんだ。てっきり俺より年上か同年と思っていたよ」

と驚いていた。

私は着任以来、隊員達になめられまいと常に気を引き締めて、老成しようと背伸びしてきた。それも今日で終わりと思うと何だか少し気が抜けた思いであった。

中途退職であり課業時間中の為、誰の見送りもない淋しい退職であった。

バスの時刻を気にしながら隊舎を出て行こうとしていると、慌ただしく私の班員であったW士長が追いかけて来た。

「ああ、間に合った。班長、F三曹がね、連隊本部前で少し待っててくれと言ってましたよ、じ

ゃあ」

W士長はそう言い置いてそそくさと行ってしまった。

着任以来何かと世話になり、退職についても沢山のアドバイスをしてくれた先輩のF三曹には、今朝方個人的に挨拶をしたばかりであった。訝しく思いながら指定された所で待っていると、W士長の運転するジープがやってきて私の前で止まった。

「班長、お待たせ、乗ってよ」

左手でハンドルを握ったまま挙手の敬礼をしたW士長が言った。

「えっ、でも……」

すると、後部座席からF三曹が顔を見せて、

「おい、乗れよ。あのな、急にな、御殿場駅に用事が出来てな、ついでに送るぞ」

「……」

W士長がニコニコと頷いて見せた。私の為に、F三曹は配車係の権限で勝手にジープを出してくれた事は明らかであった。

「おい、何してるんだ。早く乗れ。荷物をこっちによこせ」

私は恐縮しながらW士長の横に乗り込んだ。——思わず目頭が熱くなった。

「どうもご苦労さんでした。班長、大学を卒業したらさあ、今度は幹部になって又ここに戻ってきなよ」

W士長がジープをゆっくり発進させながら真面目な口調で言った。何か言おうとすると涙がこ

ぼれそうで、私は黙って奥歯を強くかみしめていた。

ジープがゆっくりと警衛所前を通過する時、

「きをつけーっ」

鋭い号令が掛かった。警衛所の全員が姿勢を正し、詰所の中にいた普通科教導連隊の見知らぬ警衛司令が、私に向かってビシッとした敬礼を送ってくれた。どうやら私服のスーツ姿の私を幹部と間違えた様だ。

私は咄嗟に姿勢を正し、少し面映い気持ちで警衛所に向かって軽く頭を下げて答礼をした。

ジープは営門を走り抜け、初冠雪が鈍く光る富士山を背に、なだらかな下り坂を軽快に走り始めた。

「おい、警衛から〝きをつけ〟が掛かったな。お前、幹部で退職だ。ははは」

後部座席でF三曹が明るく笑った。

あとがき

陸上自衛隊生徒第九期卒業生は、将官まで登り詰めた者から、一隅を照らし続けてその与えられた職務を全うした佐官尉官まで、陸上自衛隊のみならず海空自衛隊の様々な分野で活躍し、定年までの在職率は約五割である。

施設学校建設機械技術科の一二名は、私を含め六名が退職したが、残り半数の六名は、航空科幹部へリコプターパイロットとして三名、施設科部隊長として二名、警務科幹部として一名がそれぞれの職務を全うした。

又、陸上自衛隊の航空機パイロットは部内選抜（受験資格は三曹一年以上）の為、生徒出身者の多くがこれでパイロットになった。第九期生においても在職者の二割強が飛行幹部になっている。

文中、私の口から出まかせを真に受け、大好きだった女の子との文通を止めてしまう程純真無垢であった愛知県出身の後藤君もパイロット志望であった。卒業後は大型ヘリコプター整備士の第一人者として将来を嘱望されていた。だが結核を患い自衛官としての将来を悲観し退職をした。

その後、アメリカの飛行学校でビーチクラフト機の操縦ライセンスを取得して、帰国後民間団体のパイロットとして大空を元気に飛び廻っていた。

又、建設機械技術科出身でパイロットになった三人の内の一人、山形県出身の富塚君は、大型ヘリコプターの名パイロットとして、国内外の多くのＶＩＰ達を乗せて大いに活躍した。

しかし、両君は共に病魔に冒されて黄泉の国への帰らぬフライトをしてしまった。

私は退職後、上京して大学の夜間スクーリングに通い全教養科目の単位を修得したが、一度だけの人生ならやりたい事をやろうと決断して新劇俳優への道を目指した。そして後、テレビドラマで糊口を凌いでいたが、四〇歳を前に自らの非才を覚り、俳優業をやめ独学して薬種商となった。現在は漢方薬を細々と商いながらの田舎暮しである。

陸上自衛隊の中でも独特な気風を培った生徒隊出身者の絆は強いが、自衛隊生徒、通称少年自衛隊は平成二一年度採用で廃止となり、戦前戦中戦後とその時代に応じて存続した日本の少年兵制度はその歴史の幕を降ろした。

平成二二年春、少年工科学校（陸上自衛隊生徒）は改編され、高等工科学校となった。そしてその生徒は非自衛官となり、「……事に臨んでは危険を顧みず……」という自衛官としての服務の宣誓はない。だが、若き防人達の伝統はここに継承されることになった。

――願わくは恒久の平和が続かんことを――

二〇一〇年秋　五木繁則

五木繁則（いつき　しげのり）

1946年、熊本県で生れる。幼児期と学齢期は主に母の実家の静岡で過ごす。
1967年、第９期陸上自衛隊生徒課程卒業。自衛隊を退職後、劇団青年座俳優養成所を経て、1973年ＴＢＳ系連続テレビ小説のオーデション合格をきっかけに、俳優として主にテレビを中心に活動する。その後、３０歳後半に独学して薬種商となり、現在は漢方薬専門の店を経営している。

早駆《はやが》け前《まえ》へ　生徒隊《せいとたい》の青春《せいしゅん》

二〇一〇年一〇月二一日　第一刷発行

定価はカバーに表示してあります

著　者　五木繁則《いつきしげのり》
発行者　平谷茂政
発行所　東洋出版株式会社
東京都文京区関口 1-23-6，112-0014
電話（営業部）03-5261-1004（編集部）03-5261-1063
振替　00110-2-175030
http://www.toyo-shuppan.com/
印　刷　モリモト印刷株式会社
製　本　高地製本所

ISBN 978-4-8096-7629-1